U0937395

当弗洛伊德遇见佛陀

心理治疗师对话佛学智慧

徐钧　著

图书在版编目(CIP)数据

当弗洛伊德遇见佛陀：心理治疗师对话佛学智慧 / 徐钧著. —上海：上海社会科学院出版社，2018

ISBN 978-7-5520-2401-2

Ⅰ. ①当… Ⅱ. ①徐… Ⅲ. ①弗洛伊德（Freud, Sigmmund 1856-1939）-精神分析-关系-佛学-研究 Ⅳ. ①B84-065②B948

中国版本图书馆CIP数据核字（2018）第175065号

当弗洛伊德遇见佛陀：心理治疗师对话佛学智慧

著　　者：徐　钧

责任编辑：周　霈　杜颖颖

封面设计：式夕制作

出版发行：上海社会科学院出版社

上海顺昌路622号　邮编 200025

电话总机021-63315947　销售热线021-53063735

http://www.sassp.cn　E-mail: sassp@sassp.cn

排　　版：南京展望文化发展有限公司

印　　刷：上海丽佳制版印刷有限公司

开　　本：890毫米×1240毫米　1/32

印　　张：9

插　　页：2

字　　数：210千

版　　次：2018年10月第1版　2024年2月第3次印刷

ISBN 978-7-5520-2401-2/B·248　定价：59.80元

再版序

《当弗洛伊德遇见佛陀——心理治疗师对话佛学智慧》第1版于2012年由线装书局出版，出版后意外的获得心理学同行关注和反响，很快此书就在市场上卖完了。淘宝上只有复印件，而淘宝原件高达几百元一本。

同时，由于各种条件的限制，第1版在彩色图片、文献注释、文字校对上都不是十分完善，所以也有读者提出了善意的批评。

2012年之后，国内心理学界和精神医学界对佛学与心理学的对话这一议题的讨论更趋于深化，有很多新的内容出现。我也对自己之前的论文以及对话的过程进行了一定的反思，创作了一些十分重要的新论文，例如反思当代正念流行的前瞻性论文“正念的一些省思”(2013)；反思佛学在西方的概念发展及反哺亚洲过程中佛学概念发生的变化，深入探讨佛学与心理学在类似概念上所表现差异的论文《自我与无我：心理疾患等与佛学——兼与杰克·安格勒博士商榷》等。

所以，2017年，在原书市场销空几年的情况，上海社会科学出版社编辑周霈与我讨论了此书的重新修订出版的事宜。我觉得十分合适，因此补充了新创作的论文，按照原来论文的文献注释进行了修订，并且确定以彩图形式出版。

徐　钧

戊戌年立春

序：相遇在心灵深处

雨果的一句“比天空更为广阔的是人的心灵”，曾经让无数年轻人仰望星空，长久沉浸在对深邃的内心世界的无限遐想中，有时是畅快的思想翱翔，有时被烦恼牵引而魂牵梦萦、无明易惑地痛苦着。对心灵的探索成为很多人少年时的理想，乃至终身的职业。

近代弗洛伊德创建了精神分析学，被誉为现代心理学中的超心理学，特别是潜意识学说和精神决定论，大大拓展了现代医学和心理学对心理广度深度的建构和精神症状形成的理解。严格有序的精神分析治疗师的培训和独特严谨的精神分析治疗设置，大大缓解了各种神经症性精神症状，成为抗精神药物出现前主要的精神障碍治疗方法。人们坚信精神分析是人类探索心灵世界的有效路径。

但是，精神分析不是唯一路径。弗洛伊德当年即对东方文化特别是佛学很有兴趣。而荣格更是因为对佛学的禅和生死学的了解，大大发展了分析性心理治疗学。佛教是关于宇宙存在的系统学说，对人类心理过程的论述博大精深。无数修行者的证悟，一次次昭示佛学不仅是走进心灵宇宙的路径，更是一个有明确目标并可达到的不二法门。

近代中国国人一度中断了对心理学和佛学的修习。改革开放30几年来，一切有了明显改观。特别是近年来国内外一批中西文化比较研究学人智者，让彼此在心灵深处相遇了。这当中，徐钧是佼佼者之一。他少年便修习佛学，深入接触了汉传佛教、南传佛教和藏传佛教。闭关修习让他对禅修和佛学有了实证的体验。

难能可贵的是，徐钧希望所学可以利益更多民众，将古老弥新的佛学与当今大众心理治疗联系起来。徐钧选择了来自西方文化，对心理世界同样有最深探索潜能的精神分析治疗开始学习。系统的佛学修习让徐钧接受精神分析训练时有了另外的视角。在精神分析培训过程中，一次次的案例分析，一条条心灵解剖的细节呈现，一个个症状缓解的过程，无疑让他有机会将佛教心理学与精神分析学做了最为直观的比较，两者的异同和彼此的补充清晰呈现了，这就是今天我们看到的其力作《当弗洛伊德遇见佛陀——心理治疗师对话佛学智慧》。

我相信这只是一个开始，一项十分有意义的尝试。博大精深的佛学和精神分析学对于心灵的研究远远不是这本书可以全然概括的。缘起而行，相信两个领域的学者和修行者能够有更多、更深入的循证研究。

佛教思想深深影响了千年的中国文化。如果能将其精华有效整合到现代心理治疗的理论和实践中，无疑会促进有中国特色的、更易于被中国民众所接受的心理治疗的发展。佛教僧侣戒定慧的修习历程对于一个优秀的精神分析师的成长有很强的借鉴作用，希望看到更多治疗师有所受益。

时间仓促，水平有限。权当抛砖引玉，希望大家批评指正。期待一个新的学术领域在中国精神分析学界形成并发展。

是为序。

肖泽萍

2012年12月

目　录

绪论

当弗洛伊德遇见佛陀，会发生一些什么？

弗洛伊德，开创了当代心理学谈话治疗的先河，尽管至今130多年的发展，心理疗法早已经超出了当年弗洛伊德所发现的谈话治疗设想模型，但将弗洛伊德视为当代谈话治疗的最初原型是恰当的。而佛陀，创立了影响整个古代亚洲的佛学，在古代汉文化、印度文化、中南半岛文化等所在地区，治愈当时人的心理困扰的这一任务有相当部分是由佛学来承担的。由弗洛伊德所开始的心理治疗与佛陀所发展的佛学，相隔时代和地区都十分遥远，似乎是根本不可能沾边的学科。但随着当今全球化的文化交流以及信息化社会高度的信息沟通，心理学与佛学已经相遇——特别是佛学与当代心理咨询及治疗的深度相遇。这一相遇在西方心理学界已经有100年历史，深入交流也在50年前开始，这一相遇引发了心理学的不少重要进展，例如当代认知行为疗法的发展、精神分析的新发展等，目前已成为当代国际心理学界重要事件之一。

早在20世纪80年代中期开始到1990年代，我阅读荣格心理学和精神分析著作时，发现许多和东方文化中佛学、道家相关的内容。同时，我正好也有机缘接触系统佛学传统的学习。所以这两方面的内容有可能产生交流和对话的想法就一直在我内心酝酿，但那个时候我不知道该怎么去真正开展工作。当时我注意也有很

少人在做比较，通常是佛学的说自己理解的心理学的东西，而心理学的只说自己以为的佛学的东西。而这些内容往往获得的效果不好，佛学的人无法接受一些心理学家自认为是佛学的东西，而心理学家也可能无法接受一些佛学人士撰写的关于心理学的东西。这其中有不少问题需要澄清，并不是那么想当然进行的，这需要对两者都有一定深入的了解，并且需要时间的积淀才能慢慢开始。中国著名的心理学家申荷永教授前段时间曾说起一件心理学界的往事，中国心理学史的泰斗高觉敷先生在1985年主编《中国心理学史》时，申荷永教授作为高觉敷先生的助手，询问其为什么不把佛教与心理学专列一章，难道佛教与心理学没有关系吗？高觉敷先生回答说："不是没有关系，而是太有关系了，但我是怕我们心理学界的人写出来的内容让佛教界的人笑话。"我十分同意这个说法。反过来，其实佛学也是如此，虽然佛学有自己的古代心理学体系，但如果佛学家不了解现代心理学的背景，写出来有关佛学与现代心理学比较研究的东西也不容易被心理学界所认可。

自2002年开始，因为一些因缘，我受戒幢佛学研究所所长济群法师的邀请，在研究所讲授心理咨询、佛学禅修研究等一些研究生课程，之后又在研究所担任客座研究员。在此期间，我得以更多思考佛学与心理咨询、治疗的对话这一主题，并得以与研究所的老师和学生有更多的交流，并且和心理学界、精神医学界的一些朋友交流这些内容。在2002年年底，我开始慢慢有一些感觉产生。我注意到要进行佛学与心理学的对话及研究，第一要能够比较清晰地厘清彼此的学科的边界，在尊重彼此边界的基础上进行研究；第二要真正熟悉双方的理论和实践；第三，对话中双方要能够厘清和掌握对话的另一方的经典著作和术语概念，能够在具备共同语境的水平中使用相同或者相关术语进行对话；

第四，是要抱有开放之心，接受各种可能性。有了上述先决条件就有可能尝试性地开展真正的对话。于是，就佛学与心理学对话和研究的思考，我撰写了这方面的第一篇论文《佛学与心理学关系的定位》，发表于2004年在苏州举行的第五届华人心理学大会上，出乎意料，那次论文报告的分会场人出奇的多，大家对这个话题十分感兴趣。其实早在2003年，我到香港期间，注意到不少相关的英语翻译图书的出版，显示出西方心理学界在这方面的对话工作已经十分成熟，我也越来越确定这个研究方向的价值。

在2003—2012年，我就心理咨询、治疗与亚洲佛学对话的一些主题和心理学同道、佛学家等进行了许多交流，并因此继续创作了系列研究的论文，2004年受申荷永教授、陈侃博士邀请为《中国文化和心理分析》刊物撰写了《藏传佛教历史上四个梦的精神分析解读》；2008年创作了《俄狄浦斯情结概论》（发表于《中国心理治疗对话》第二辑），其中涉及亚洲文化背景下关于人际关系新理解的《亚洲文化下的阿阇世王情结：共情能力的发展》的部分；2008年在戒幢论坛暨第一届佛学与心理治疗对话论坛作了“关于正念”的报告；2009年在中国第二届精神分析大会上发表了整合佛学、存在主义的精神分析论文《死本能与无常》；2010年在第一届亚洲精神分析大会上发表了《佛教因缘哲学与精神分析的主体间》《精神分析中的真实关系》，从佛学因缘哲学的角度讨论精神分析的主体间性和咨访互动的动态关系，其中《佛教因缘哲学与精神分析的主体间性》（英语版）一文后来被国际精神分析学会（IPA）录用，发表在国际精神分析学会官网；2010年受王雷泉教授邀请为《佛教名篇鉴赏辞典》撰写了作为佛学与心理学对话的佛学基础文献“慈心禅修”“四念住禅

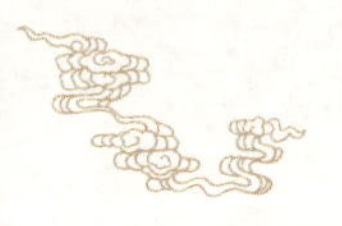

修”的文献注释和评论；2010年在中国心理学学术大会上做了《正念在心理治疗中的发展历史》的报告；2011年在第23届国际聚焦（Focusing）大会发表了《因缘哲学与聚焦》的论文，比之前更深入地讨论了咨访过程中微观互动的部分与佛学缘起性空的关系；2011年在戒幢论坛暨第二届佛学与心理治疗对话论坛发表了《穿越和当下：临床对话过程中正念的运用》《慈心在正念中的运用》；2012年在复旦大学主办的第二届存在主义心理学国际会议上发表了《空：体验存在的基础》；2013年在第四届戒幢论坛发表了反思正念运动的前瞻性的批判论文《正念的一些省思》；2015年在第五届戒幢论坛发表了《自我与无我：心理疾患等与佛学——兼与杰克·安格勒博士商榷》的论文，反思佛学在西方概念发展及反哺亚洲过程中与佛学概念发生的变化，深入探讨佛学与心理学在类似概念上所表现的差异。此外，还做了一些佛学案例文献的搜索、整理和教学工作。

在近几年与国际心理学界交流过程中，我发现西方心理学家似乎远比我们身在亚洲中国的心理学家，更为热切关注佛学这一亚洲文化传统对现代心理学的启发和帮助，并且甚至可能比中国人更懂佛学，同时西方科学心理学对此已经有很多实证研究来验证其中的结果。这让我意识到，作为身处亚洲，并且身在中国的心理咨询师，佛学这一亚洲文化传统，我们或许要换一种更为认真的态度去对待，我们或许可以从中摄取很多积极的内容和意义，而不仅仅是简单地去批判和拒绝。当西方心理学家已经在比我们中国人更熟悉地研究我们亚洲自己的东西时，我其实感觉到有些汗颜。但最近10多年以来，我注意到，这个研究在中国已经不是孤单的，现在中国的许多心理学家也有越来越高的兴趣与佛学家进行对话和开展佛学相关的研究。在为第28届国际心理学大会准备的《国际心理学手册》(华东师范出版社2002年版)中，中国心理学泰斗之一的荆其诚先生就有一个章节专门讨论了佛学心理学。而在2008年、2011年、2013年、2015年、2017年，济群法师和我也在戒幢佛学研究所策划了五次国内心理咨询、治疗界专家与佛学专家的对话论坛，进行了十分有意义的讨论，这是一个长足的进步。《当弗洛伊德遇见佛陀——心理治疗师对话佛学智慧》的再版，也是在这样的对话背景中因缘成熟的。

能完成《当弗洛伊德遇见佛陀——心理治疗师对话佛学智慧》一书的写作，其实还要感谢我过去的那些老师们和朋友们，在心理学方面要感谢英国的Dr. Campbell Purton、日本的池见阳博士、德国的Dr. Friedrich Markert、Dr. Thomas Pollak等；在佛学哲学方面要感谢吴中上师、雍伦活佛、泽尔青仁波切等，他们都曾和我或多或少地讨论过佛学与心理学的话题。另外，还要感谢那些在写作思考过程中能让我经常与之交流，让我有思想火花闪现的心理学家和佛学家，如济群法师、申荷永教授、徐冠民先生、李孟潮医生、张天布医生、王雷泉教授、程群博士、观云法师、界文法师、廖乐根先生、郭海峰先生等。同时感谢图书编辑的努力。

《当弗洛伊德遇见佛陀——心理治疗师对话佛学智慧》只是一个我对此问题探索的开始，它一定还存在许多不足或者根本没有思考的地方，希望读者在阅读中尽量可以保有属于自己的立场和意见，然后大家一起探讨。不管这些意见是正面的还是反面的，都是十分重要的，学术也正因为有这些不同的想法和质疑才可以真正健康发展，《当弗洛伊德遇见佛陀——心理治疗师对话佛学智慧》如果能够起到一个抛砖引玉的作用，那我想本书的任务就大部分完成了。

第一编

佛学与心理学的定位

本编主要讨论了佛学与心理学对话中如何对两者进行定位的问题。在佛学与心理学的对话过程中，明确定位彼此学科目标，是十分重要的。这种定位的基础是需要仔细阅读和学习与其相对的对话方所宗理论的学科基础和学科目标，这就可以厘清和解决对话中许多鸡同鸭讲的困惑和困难。而如果这种定位是模糊的，彼此就无法知道对方所愿意接受的和需要接受的是什么。例如一位佛学家可能会要求一位现代心理学家在心理学内找到“解脱”这样的生命哲学概念的对应物，这就是无法进行的讨论；同样，如果一位现代心理学家一定要佛学家给出关于婚姻家庭的详细信息，那也是勉为其难的；但如果双方的话题是商谈如何使得某种焦虑的心理困扰得以调整的策略或者对人性存在的探索，双方就能很快找到共同的语言，互相增益。

同时，在彼此对话中保持开放之心，不管对心理学家和佛学家都是重要的。对一些事物没有了解之前妄下断论对心理学家而言不是科学的态度，对佛学家来说也不是一个如法如量的做法。

第一章 佛学和心理学关系的定位

——自体心理学观点的阐释

在2002年之前，我还十分困惑佛学与心理学是否有真正对话的可能，而并非是一些虽然在一起说话，但是各说各话的尴尬局面。虽然我觉得这两者都是十分有价值的内容，它们之间存在对话和进一步交流的可能。直到2003年，我开始考虑无法直接对话的那些局面，许多是由于没有厘清彼此的关系定位而引起的。于是我试图寻找一个可以联系两者的共同基点——即佛学术语中的“共许量”。不久我在研读精神分析自体心理学文献时，发现“自恋”的概念与佛学“我执”的概念如此接近，于是以自恋这一概念为对话的联结基点，横向比较和划分了佛学修行者（特别是那些如佛陀一样）、正常人、神经症、自恋性障碍、精神病性的不同人格维度，讨论了佛学与心理学目标的不同。这些思考最后成就了本篇文章，我还于2004年在苏州举行的第五届全球华人心理学大会上做了相关的演讲。在文化心理学分会场，听众出乎意料的多，也出乎意料的对此有各种兴趣。这让我对佛学与心理学对话的未来也有了更好的展望。

在为本章撰写导读时，我也回顾了这些年全球佛学与心理治疗对话的发展和研究历史，发现经典巨著《精神分析与佛学》中美国心理分析学者Polly Young-Eisendrath也提出和我类似的以自

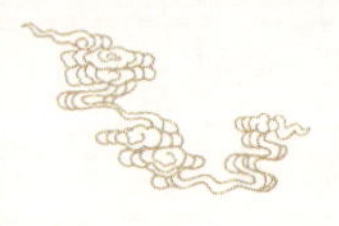

恋作为佛学和心理学对话基础的观点(Jeremy D. Safran, 2003)。同时，另外强有力的证据也逐渐显现，随着近年来神经认知研究的爆炸式进展，之前我所列举的佛学修行者、正常人、人格障碍患者等的差异，也在神经认知研究领域获得证实，这些人群之间的确存在大脑运作能力的差异，甚至存在大脑器质性的差异。美国2004年、2006年对佛学深度禅修者的脑科学实验证明，佛学长年禅修者大脑左颞叶、海马等位置发生器质性和功能性的优势改变(Antoine Lutz, Lawrence L. Greischar, 2004)。

随着当前临床心理学对于佛学传统思想和禅修技术的研究及实践应用的深化，佛学正念训练对于压力的控制、佛学训练和注意力的关系、佛学对于心理咨询的意义等方面得到了心理学界越来越多的关注，这也是华人心理学研究中需要被重视的主题。但在这一东方传统文化再次被审视和发掘其价值的过程中，由于佛学于心理学界还是相对陌生的领域，因此对于佛学的研究和临床应用过程中往往存在的问题是：由于对佛学了解的欠缺而造成定位的偏差，最后发生误解的立场影响随后而来的研究和临床应用。本文因此以现代自体心理学的自恋理论做基础，结合“心理治疗和冥想的治疗目标：自我呈现的发展阶段”(Jack Engler, 1986)的分类探索来转译佛学的核心观点，并尝试建立佛学和心理学之间的横向比

弗洛伊德(1856—1939)

较的区间，来为今后国人心理学中关于与佛学对话的研究建立一个可能的支撑点。

一、定位的理论基点

（一）自体心理学的自恋理论

自体心理学是美国心理学家科胡特在1971年提出并逐步完善的理论，它是精神分析学派当代最重要的发展之一，它超越了原来经典精神分析的观点，对于人性和人格的模型有了全新的定位。自体心理学最重要的理论之一是定义人类的本质是自恋的（Kohut，2002），这与原来弗洛伊德对于自恋的定义相当不同。

弗洛伊德曾给出“自恋”的定义是“自己对于自我投注力比多兴奋的状态”（弗洛伊德，1998），有这一表现的个体称之为自恋人格障碍患者。从力比多的方式来说，也就是他将本来应该投注于自我的对象客体的力比多，反向投注到自己身上，这样病人就无法和别人建立有效和融入的亲密人际关系，并且经常沉浸在自己不切实际的幻想中。

科胡特（1913—1981）

但科胡特结合自己对于自恋性人格障碍治疗研究，并吸取了当时儿童发展心理学等成果，修正了之前弗洛伊德对于“自恋”的定义，而提出自恋其实就是力比多的本质，或者更直接地说自恋其实就是人类的一般本质，每个人本质上都是自恋的。自恋是一种真正的自我价值感，是一种认为自己值得珍惜、保护的真实感觉，借着胜

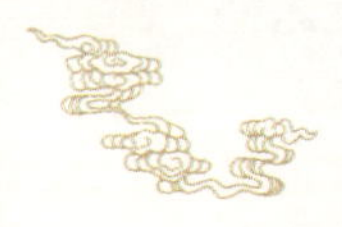

任的经验。也就是说健康者的自恋并不是不健康的，而且我们整个社会也是允许适度自恋的，而只有个体过度自恋并超出了社会对于自恋允可的范围才是不健康的。

科胡特的合作者兼学生巴史克提出了一个认知模型来解释自恋，他认为自恋的达成其实是可以使用当代认知心理学来合理阐述的。自恋是对于自我胜任感的体验，而获得这一体验是基于如下回路：始于大脑的期待形态，接着进行下一步的实施决定，然后付诸行动的实践——当个体在实际世界中实践后，会得到反馈，这一反馈则再次输入大脑，然后大脑将此信息与之前的期待形态配对。如果输入信息与之前的期待形态配对成功，则个体就可能立即获得自体胜任感的喜悦（Michael Franz Basch，2000）。如果不能配对成功，大脑就会再次决定、计划行动、实践，然后又反馈大脑以求得配对成功。如果反复没有办法获得成功，大脑则会根据实际情况采取或修正期待形态或修正决定或修正行动方式等来使配对获得成功，当然也有可能这一修正仍然是无效的或者是失败的，则个体就可能会放弃这一回路构成，而以别的方式替代，也有可能彻底放弃。这时候，不合适的回路调整就可能直接引起自恋的失败——无法获得自体胜感或自我价值感，因此就会产生自恋失败时的暴怒及焦虑，当焦虑过于强大或者防御失败时，则个体会体验到消极的防御——抑郁。

至于为什么有人遭遇失败可以成功修正，有人则没有力量成功调整，据研究，其中原因可能除了个性差异外，大部分是和婴儿的养育者与婴儿之间的有意识和无意识的互动有关。养育者的情绪会直接内化到无辜的婴儿人格中，或一些不合理的养育互动模式等内化到婴儿人格中，这些构成婴儿将来人格的基础模型。

（二）佛学的我执理论

我们先就佛学定义详细地解释一下什么是我执。

经典佛学定义我们所谓的“具有生命的人”，实际是精神和物质的暂时聚合体，而精神和物质的构成也是变化无常和没有绝对主宰的，这就构成佛学在真理意义上的“无我”（罗睺罗：化普乐）。

而佛学讨论人类是不了知这一无常，特别是“无我”的自然规律的，因此执着身体、精神、世界是我、我所有的为快乐幸福。当我们因为我得到了承认或者我得到了某些事物而快乐，这样一旦无法主宰必然变化的无常身心和世界时，就会因为我被否认或我失去了某些认为是自我的事物而悲伤、烦恼等。因此佛学教导只有洞察这一“无我”的自然规律，才能放下自我的执着而解脱。当然这需要有精神上的训练实践——止禅和观禅。

至于一般的生命的反复出生和成长的动力，就来自“我执”，由于“我执”产生欲望，健康者为了满足其自我的欲望，而反复在世间作为，以求得快乐或回避痛苦。这样生命的轮回才得以延续，快乐和痛苦也因此同时得以继续。

轮回缘起图

这就是佛学阿毗达摩哲学传统（觉音，公元5世纪）里的缘起的心理简化模型。佛学就使用这个缘起的心理模型来解释烦恼的生起和熄灭，所谓缘起模型的核心，是以“我执”为核心期待，就是无明—欲爱—苦或乐及生死轮回。我们在此将之转换成现代术语表达，就是对于自我的执着导致错误的认知—执取—生出负面情绪或具有潜在负面性的正面情绪。而烦恼及生死轮回的熄灭则是同样运用这一模型，不过它是否定式的，是以结束“我执”的无明（通过内观禅的观察法）—结束欲爱—结束苦或乐及生死轮回。我们在此将之转换成现代术语表达，就是消除自我的执着、结束错误的认知—执取的解脱—终结负面情绪或具有潜在负面性的正面情绪。

这里需要补充一点的是，佛学的我执主要是针对身心和世界具有绝对主宰者来说的，佛学认为这一绝对主宰者是不存在的。但这并不和心理学的自我概念相冲突，因为具有统合心理各面向的自我功能同样也存在于佛陀身上。这是一个健康人格的基础，所以佛学的“无我”并非是针对这一自我功能来说的，而是对于自我功能中过盛的主宰者的认同和倾向来说的。

二、自体心理学自恋理论和佛学心理理论的横向比较

在阐述了自恋和我执的基本概念之后，我们可以进一步以自体心理学关于自恋的定义作为平台，来对人类精神现象的三类区间进行比较讨论，以理解人类心理发展的各种可能，特别是佛学和社会常态心理的差异。

（一）自恋人格障碍者及其治疗

美国《精神疾病诊断与统计手册》第4版（DSM-IV）中定义

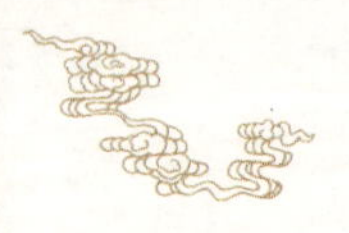

“自恋型人格障碍”为以下项目：夸大（幻想或行为）、需要他人赞扬、并缺乏同感；起自早期成年时，前后过程多种多样，表现为下列5项以上：

1. 具有自我重要的夸大感（例如过分夸大成就和才能，在没有相应的成就时却盼望被认为是上乘）；

2. 沉湎于无限成功、权力、光辉、美丽或理想爱情的幻想；

3. 认为自己是“特殊”的和独一无二的，只能被其他特殊的或高地位的人们（或单位）所了解或共事；

4. 要求过分的赞扬；

5. 有一种荣誉感，即不合理地期望特殊的优厚待遇或自动顺从他的期望；

6. 在人际关系上是剥削（占便宜），即为了达到自己的目的而占有他人的利益；

7. 缺乏同感，即：不愿设身处地地认识或认同他人的感情和需求；

8. 往往妒忌他人，或认为他人都在妒忌自己；

9. 显示出骄傲、傲慢的行为或态度。

以上所显示的自恋性障碍特征和暂时发生的自恋有所不同，例如某个人因为获得某种程度的成功而一段时间变得自大起来，我们则不能简单地视其为自恋性人格障碍，尽管这两者似乎有类似。自恋性人格障碍应该是从童年起到目前一贯的表现，而非暂时、短期的行为。

自恋性人格障碍的形成，在科胡特看来，可以追溯到婴儿时期，按照客体关系理论家马勒等人的研究，这一障碍大约形成于18个月至3岁。 科胡特认为，每一个个体在其婴儿期都是有自体自大、夸大倾向的，例如婴儿稍稍得不到满足就会大哭，在婴儿的心理世界中，他或她是全能的上帝。当这一上帝被养育者（自体客体）所满足时，则获得快乐；如果不满足，则会因为自己的全能感遭受挫折无法实现而暴怒。这一不被满足的情况其实在婴儿养育中是偶然发生的，但如果养育婴儿者长期如此地对待婴儿，也就是说婴儿长期无法得到夸大的自体自恋满足，不能与内部期待配对成功时，则婴儿将失望于外在，大脑则据实际情况放弃这一正常的养育被养育的循环回路构成，而以自体幻想性循环回路来替代补偿这一自恋之需要。这样的幻想往往是阻碍了自体了解正常自恋的现实性，超出常人所能接受的范围而形成自己独有和过分的自恋，于是就会有以上自恋性人格障碍的类似夸大性格的表现。

同时如果养育者的情绪是经常有问题的，则早期也会把自己的自恋失败的暴怒反映出来，而在与婴儿的互动之间内化到婴儿的心理信息处理系统中，成为婴儿今后无意识判断人际关系的某些基础感情。所以在英国客体关系学家温尼科特著名的录像实验中，一个快乐的婴儿由于和一位表现抑郁的母亲待在一起1个多小时，这婴儿的脸也变得和母亲一样抑郁了。这就是科胡特所提及的著名观点：转变的内化作用。长期如此，则对于婴儿成人时期的人际感情能力直接产生影响。这也就影响了婴儿今后发展中的内部期待的基础。

在对于这类自恋性人格障碍的心理治疗中，科胡特提出心理治疗师可以以同理心为基础，利用治疗初期的镜像移情、理想化移情、密友移情的情况来和病人产生正向情感联结，然后在治疗过程中借着“适度去幻象化”（或是逐步现实化）协助病人完成循环回路的合理构成，以使夸大的自体自恋过分需要修正为符合一般社会许可的正常自恋的满足程度。当然这里还有因为咨患的互动引起病人将治疗师的优良人格品质转换性的内化作用。这

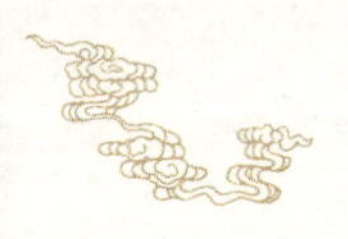

一方式的发现使1970年之前对于自恋性人格障碍束手无策的治疗局面得到改变。

如在佛学的立场阐述，自恋性人格障碍应该是来自我执和欲望的满足的失败，而发源于我执的过于强盛和欲望的过于夸大，当这些超越出人类社会许可的一般范围后，则会造成个体的灾难、人际关系失败等，这几乎和自体心理学关于自恋性人格障碍的病因理论如出一辙，但佛学的理论在这里缺乏发展心理学的方面，而更注重当前的问题和问题的成因。佛学在这些内容里往往引用“业”这样的概念来解释该个体可能的先天性原因。

（二）神经症患者及其治疗、健康者

就客体关系理论和自体心理学理论的一些实证研究所建立的发展心理学表明（这主要是马勒等学者的贡献），神经症和健康者人格程度基本是稳定健康的，而不至于如自闭症、精神分裂症、各种人格障碍等多属于早期人格形成期的养育关系失败所造成的问题那样。所以我们在这里将这两者放在同一区间内讨论。

神经症的一般构成有强迫症、焦虑症、恐慌症、歇斯底里症等，在以自恋为人格核心的自体心理学中，神经症来自3～6岁小孩与家庭父母的一方竞争另一方失败的情况，还有就是因为更现实的当前人生生存过程中，循环回路失败而且一时间无法及时调整。这类原因其实在普通人之中也有，但健康者可能可以更合理地处理和调整，但当问题过于棘手或者有特殊的原因限制等出现时，健康者就可能出现神经症。这分成心理问题的两端，一端是焦虑的问题；另一端是焦虑失败后消极退缩的抑郁问题。也就是前述的循环回路的信息加工理论，与自我价值感相关的大脑期待形态配对、实施决定、付诸行动实践时的其中某一项的失败而造成自恋失

败的情况，而且自己无法及时调整这一自恋失败的那个点，因此产生神经症。

所以，治疗神经症的关键点在科胡特及其理论的发展者看来是：寻找问题的症结所在，在充分运用同理心面对病人的基础上，协助病人找到其信息加工循环回路中的问题所在——是修正期待形态的错误或自我价值的无法体验，还是无法实施决定，或者是行动方式的问题。这时候再采取相应的例如修正期待形态、修正决定或修正行动方式等治疗方式或合理建议。同时这样的治疗能够从实践中整合各种学派的技术。这样就能够成功帮助病人重新获得这方面个体的自恋满足，以使病人的神经症获得痊愈。

在健康者心理中，这种循环回路的失败也是经常出现的，只是没有严重到神经症的程度。健康者所出现的心理困扰则属于我们所称的"烦恼"。世界上每个人都有烦恼，只要不太严重，每个人都有自己的应付方式，虽然有些烦恼的确挺难对付。例如失恋，许多人在男女情感问题上的处理就比较没有办法，这时候的痛苦虽然没有严重到神经症的程度，但有体会的人也知道会是一个不怎么好受的感觉。又如社会交往能力的困扰、工作问题的困扰、家庭关系、婚姻关系、学校问题等，都是健康者可能在循环回路中遭受挫败事件的点。但健康者的心情问题不大会严重地干扰到生活，我们或许可以通过一些朋友间的互动、自己寻找一些娱乐活动等方式来摆脱自己这方面的困扰。当然，这里也存在个体差异，有些个体自我系统的循环回路更开放就比较能处理问题，而有些个体则差一些。这和生活环境结合在一起，考验每一个人的一生。幸福度的高低随着自我的调整能力或环境赋予的变化而不同。

佛学在这里则是认为个体的我执和欲望无法在环境中成功或者反复失败后，心理疾病和人生烦恼等事件就一一产生。这和自体心理学的神经症和健康人的心理困扰现象等的解释极度类似。

佛学对于个体心理疾病和心理困扰的解释都建立在其缘起模型的基础上，对于一般程度的心理疾病的治疗、健康人心理调整的策略，佛学虽然没有一个很完整的规范系统，但在佛学2 600多年发展的经验积累和探索中，佛学经典和后出的佛学论书记载了很多心理治疗和心理调整的技巧。文献反映出，从佛陀本人开始，心理治疗、帮助他人减少心理和生活困扰就是佛学僧人的任务之一。例如，佛陀时代的翅舍答弥（Kisa Gotami），她的孩子在刚学会走路时夭折了，当众人要把孩子的尸体移去焚化时，她加以阻止，一定要去为孩子找救药。然后妇人根据传说找到了佛陀，问佛陀救活孩子的方法。佛陀让她去未曾有子女或任何人过世的家庭要几粒芥子，并说就可以救活孩子。翅舍答弥就这样沿门挨户地询问，始终找不到所要的芥子，因为几乎每家人都曾经有人逝世。她于是想道："噢！这的确是一件难办之事，我以为只有我丧失了孩子，原来每个村子中，死亡的人比活着的人多呀！"当她这样思考时，本来颤抖的心也就平静了。最后佛陀给予她合适的教导而使其完全调整了自己（见第五编第二十一章）。这是一个运用缘起模型的合理认知成功处理心理困扰的案例。

（三）佛学修行者

佛学修行者主要有两类，完成佛学精神修行目标的人和还在进行佛学修行的人。我们这里假设将这一概念界定为完全完成或部分完成佛学精神修行目标的人。

从各种佛学文献记载和目前的一些相关研究来看，严重的精神障碍患者，如精神分裂症、边缘性人格障碍、自恋性人格障碍等并不适合练习佛学的修行方法，因为这些练习可能会导致他们人

爪哇婆罗浮屠

格滑向更严重的心理深渊。佛学修行本身更多的是提供给心理健康者所使用的一种方法。

佛学的整个修道的本质是摧毁负面情绪或具有潜在负面性的正面情绪。佛陀说，由于不如实认知，而有忧愁悲伤哭泣等烦恼左右个体，而由于如实认知就能转变这一世间的快乐和烦恼的心理规律。

在这里，佛陀提供了个体的训练方法——提高注意力的禅定和提高洞察力的内观，虽然目前还没有全面的研究证明这些训练一定会如佛学预期的那样改变个体的人格心理，但一些部分的研究说明这些训练的确会产生一定的心理改变。而一些良好的改变可以改善人类的心理状况。

这一佛学称之为解脱的训练，在于通过禅定和内观的训练，以

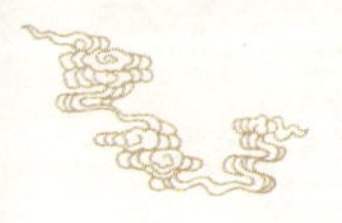

了解“自己”的身心、世间“无我”的本质。在佛陀看来，对于“自我”永远的执着是人的本性，正是它引起了人类的快乐，但也引起了人类的痛苦烦恼。当人类通过如实训练观察亲证身心和世间的无常“无我”本质后，执着和欲望就会消失，这时候痛苦就不再生起。

但有人或许会问：快乐是否也不再生起呢？

佛学传统经典回答：是的！那些隐蔽着痛苦的暂时快乐将不再生起，这时候内心将是绝对宁静之幸福喜悦。

这是缘起模型“我执”的无明—欲爱—苦或乐及生死轮回的直接应用。

在这里我们可以从自体心理学的自恋理论来看这点，自恋是人类的本性，自恋的失败是人类烦恼痛苦的根源，而其构成源于期待形态不现实，而期待形态的不圆满性导致配对的可能不成功。佛陀所要做的是结束和摧毁天生以及后天婴儿期内化的各种期待形态。在佛学里有一个成就的术语，称为“无愿求”，引用到这里我们可以理解为对于有攀缘的期待形态之结束。也就是健康者内心的期待形态是具有某种固定状态的认定的——变化为不变化、无主宰为有主宰，等等。这些与实际身心、世间并不完全符合的期待形态直接影响了期待形态的配对。在配对中会有时候导致自恋满足的快乐，但有时候也会导致自恋满足的失败之焦虑、愤怒和抑郁。

而结束原来期待形态中不如实的习惯性部分，则转变心理成为一种全新的对于变化之事物的无期待形态，也就是完全如其实的心理结构，这时候自恋的满足和不满足在这里消失——烦恼和暂时之快乐也随之消失成为宁静。

如果这一心理转变是真实全面或部分发生了，那么这一心理转变的过程当然也可能会引起该个体一系列外在的行为和社会融入性的改变。因为无期待形态是不显示有自恋特点的，而这点显然和社会已经认可的自恋范围是不相同的。这一不相同会是什么样的心理后果，应该需要有更全面的实证研究来说明。但至少需要在应用中比较谨慎的对待。这一选择的确构成世界多样性生活的一种，但不是唯一的选择。因为我们每个人都有自己的背景、经历、人格、地区等差异。

三、总结

综上所述，佛学传统和现代心理学代表不同人类心理的研究和应用维度，他们之间存在交集又存在不同，对于这一情况能明确理解的话，对于佛学和心理学的研究及应用会有很大帮助，并能够避免许多不必要的问题。我们可以在以下心理现象区间对比的表1–3–1中得以理解。

表1–3–1　心理现象区间对比

<table>
<tr><th colspan="3">问题心理区间</th><th colspan="3">正常心理区间</th><th colspan="2">超常心理区间</th></tr>
<tr><td colspan="3">心理学研究和应用区域</td><td colspan="3">心理学研究和应用区域
佛学研究和应用范围</td><td colspan="2">佛学研究和应用区域
心理学目前开始进入的区域</td></tr>
<tr><td>自闭症
精神分裂症</td><td>人格障碍</td><td colspan="2">神经症
心理困扰</td><td>健康
心理</td><td colspan="2">自我完善的思想探索或宗教实践</td><td>佛学解脱
成就</td></tr>
<tr><td colspan="2">人格结构问题
自恋过度或混乱</td><td colspan="2">适度自恋
自恋受挫</td><td>适度
自恋</td><td colspan="2">自恋降低
利他行为</td><td>无自恋</td></tr>
</table>

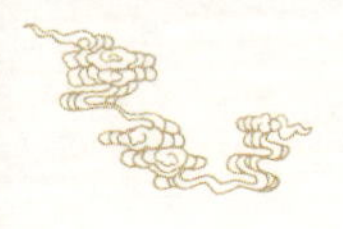

（一）在心理学借鉴佛学传统的临床治疗应用中，我们没有必要彻底否定佛学传统方面的心理学贡献，在各种佛学传统的古代文献中有许多宝贵的心理学经验积累，这些可以帮助当代心理学以新的视角来思考发展和不足。往往许多否认佛学传统在心理学上的探索成就的学者，更多是出于本身对于佛学文献的不了解。

当然目前不少临床研究表明，佛学的某些禅修方法具有很好的心理治疗功效。但实际借鉴时还需要谨慎对待，不能简单地把佛学完全等同于心理学，简单地把佛学的理念完全等同于心理治疗和心理咨询的理念。在没有对其做实证研究的前提下，轻率地运用一些佛学禅修方法到严重精神问题个案的治疗中，有可能会引起病人严重的心理后果。佛学与心理学是彼此有很大的交集，但又有很大不同的两个学科系统。

（二）无论是汉传的禅宗、藏传佛学、南传佛学，对其故事、理念、方法的解释都是依据缘起模型，因为这是佛学传统内心理转变的核心理论基础。了解佛学的心理缘起模型：无明—欲爱—苦或乐，对于理解传统佛学文献中的心理治疗是一个参考点，而这些文献中包含了许多对于当代心理治疗可能很有启发或直接可以运用的内容。

（三）从自体心理学的自恋观察种种人类表现是一种相当有意义的事情，因为它可以提供我们一种全新的角度来重新审视自己和各种生活的可能及发展，并且帮助个体走出自恋的阴影。自恋在自体心理学中是一种中性的概念，它显示出一种常人应有的本性状态。只有当它的发展受到长期挫折而表现出类似自恋性人格障碍的诊断标准的项目时，它才是有问题和影响个体生活和人际交往的。同时这也可以帮助我们看清楚一般心理问题可能产生的原因和治疗途径。对一般人来说，理解了自己生活烦恼的心理学意义上的起源则能够比较好面对问题和调整自己。对于东方古典哲学精华之一的佛学来说，则可以有一种更现代性的解释和帮助理解的途径。

参考文献

1. Jeremy D. Safran et al. Psychoanalysis and Buddhism: an unfolding dialogue. Chapter VII, Wisdom Publications, 2003.
2. Jack Engler. Transformations of consciousness: conventional and contemplative perspectives on development, New Science Library,1986.
3. Antoine Lutz, Lawrence L. Greischar, Nancy B. Rawlings, Mattieu Richard, and Richard J. Davidson, Long-term meditators self-induce high-amplitude gamma synchrony during mental practice, PNAS, Vol.101, No. 46, November 16, 2004: 16369–16373.
4. Heinz Kohut著，许豪冲译：《自体的分析》，台北心理出版社2002年版。
5. Heinz Kohut著，许豪冲译：《自体的重建》，台北心理出版社2002年版。
6. 弗洛伊德著，车文博等译：《弗洛伊德文集》，长春出版社1998年版。
7. Michael Franz Basch著，易之新译：《心理治疗入门》，台北张老师文化事业股份有限公司2000年版。
8. 罗睺罗・化普乐：《佛陀的启示》，台北慧炬文库1990年版，第76—101页。
9. 觉音：《清净道论》，叶均译，中国佛学文化研究所1995年版，第483—544页。

第二编

历史概要

第二编主要呈现了佛学本身的古代心理学历史概要、佛学与心理学对话历史概要两个主题，它的目的主要是帮助读者对佛学心理学、佛学与心理学对话的历史背景有基本的了解，从而更好地理解佛学与心理学的对话，特别是佛学与心理治疗的对话。

第二章 佛学心理学的古代历史概要

对佛学本身是否具备心理学内容，对此不少现代心理学家是有疑虑的。其实即使从最严格的角度来说，佛学在最早期就有原始朴素的心理学内容，而在之后的几百年至1 500年间，佛学发展了很严肃的心理学语言，对心理元素、心理运作规律、心理调整和转化技术等做了很丰富的研究，研究方法主要是内省法，但个别甚至设计了实验性研究，例如为了检验和增加禅修水准而进行的施身法禅修，甚至有在视感觉剥夺的环境下，检验和发展内心洞察、稳定能力的黑关禅修等。这些历史发展的具体内容需要用一部完整著作来说明。本章的目的并非是完成如此重要的一项研究和写作任务，而是就佛学心理学古代历史部分进行简要介绍，以帮助读者了解对话中的佛学对象和背景。

佛学，源于公元前6世纪在古印度（今尼泊尔境内）产生的佛教。很难以一种简单的定义去概括佛学本身是什么，因为佛学本身除了佛陀——释迦牟尼的原始佛学之外，随着佛教在佛陀圆寂之后的2 600多年的发展中，已经丰富为一个包罗众多思想的庞大系统。

佛陀成道地——印度菩提伽耶

各个时代和不同地区，佛陀之后的理论家和修行者，从各自不同的立场角度体验和诠释佛学的各个层面，并从自己的角度给予发展。在地区走向中，在斯里兰卡和东南亚各国形成上座部巴利语系佛学文化圈；在中国汉族地区、日本、朝鲜，佛学发展有禅宗、净土宗、天台宗、华严宗、法相宗等汉语系佛学文化圈；在尼泊尔、不丹、中国蒙藏语地区形成以格鲁派、噶举派、萨迦派、宁玛派等佛学思想为主的藏语系佛学文化圈；而在时代走向中，佛学又有部派佛学、中观佛学、唯识佛学、金刚乘佛学、现代西方佛学等很多样的形式。

所以，佛学是开始自佛陀，由各代佛学思想家和禅修实践者集合而发展的，具有动态性、复杂性和多样性特点，探讨物理现象、心理现象、身心转变禅修方式等的，集理论、研究、禅修于一体的综合体系。

一、佛学心理学的源起

佛学自产生以来最核心目标之一，是如何解决人类情绪性痛苦和培养同情心。这两个问题的探索可以一直延伸到佛陀之前印度的若干世代。佛学诞生前的古印度各派修行者，已经对此有了相当多的探索。在佛陀本人还没有传播佛教之前，印度的数论等学派的成员已经离开通过信仰神灵获得拯救的方式，而努力探索知、情、意的发展和彼此关系，并因此希望可以发现彻底解决情绪性痛苦的解脱之道。因此佛陀在成道前，也曾经求学数论哲学的两位思想先驱，以获得他们的教诲。在此之后几年的时间，佛陀作为独立的思想者和禅修者继续探索了这个问题，直到他觉得发现了解决之道为止。

佛学的早期实践和信仰层面并不相关，早期文献记载佛陀本人是禁止个人崇拜行为的。早期佛学的实践主要是针对改变情绪性痛苦的禅修实践，其中最重要的是四念住或者称为正念的禅修，这些形式的禅修，即使在今天的科学心理学眼光看来，都是一种很实在和具有临床价值的心理治疗和保健技术，广泛运用在公共医学保健和心理治疗中。而早期的佛学心理学家们对此多有经验总结和发展。正如，询问、分析、研究、实验“什么是心？”这样的研究主题，是贯穿整个佛学发展历史之流的核心。

在这些经验实践之后，一部分修行者开始归纳这些实践经验，因此渐渐形成了佛学的理论部分。之后，佛学的理论与实践部分就相辅相成为一个整体而发展。按照佛学心理的架构，大致包括教理和实证两个部分，它们相当于现代心理学的理论心理学与应用心理学部分。

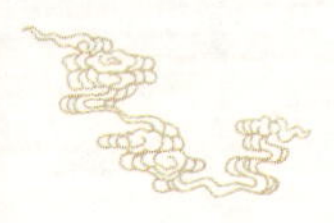

佛陀

二、佛学理论心理学的发展

佛学的理论心理学部分，在佛陀本人就已经有相关清晰记载，大致确定佛陀成道后在古印度最初教学中，已经包含了佛学的古代理论心理学成分，包括对心理元素的区分和功能的定义。在《阿含经》文献记载中，可以看到佛陀已经开始对心理现象做了经验性的观察和区分。如著名的五蕴学说，即尝试阐述人类个体为色、受、想、行、识五蕴所组成，其中色蕴为物理现象，而其他受、想、

贝叶经文

行、识四蕴即是心理现象。同时，还进一步阐述了五蕴的现象是如何运转变化以及它们本质——无常；还有眼、耳、鼻、舌、身、意识的六处理论以及类似潜意识的业的理论等。

但早期佛学心理学的开展，多是修行者在自己内省和经验层面进行，它更接近个体对心理现象的经验观察，而归纳总结相对比较少。但到佛陀晚年的定居期间，这些经验就渐渐被归纳总结起来，这就是佛学心理学最重要的研究系统——阿毗达摩论藏的萌芽。这些萌芽时期的著作如《大义释》《小义释》《法集论》《分别

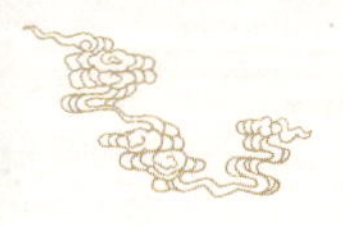

论》《无碍解道》《指导论》《舍利弗阿毗昙论》等。这些归纳起源自佛陀最早对五蕴、十二处、十八界、四谛、缘起的观察教学。

大约在公元前4世纪之后，一些佛学理论家已经不满足于仅仅对经验的描述，同时也因为与那个时代其他宗教思想的竞争，而开始把兴趣集中在探索那些过往佛学探索中获得的心理元素、心理经验的归纳，以及那些元素之间关系的理论建构研究上。那个时代，佛学心理学的发展就目前可以获得的早期文献《成实论》《大毗婆沙论》《解脱道论》《清净道论》来看，在对心理现象归纳方面当时形成了两大学派：分别是根据地在斯里兰卡的上座部佛学以及根据地在古印度地区的说一切有部佛学。上座部将心理现象经验性地归纳为五十二心所法（附属心理元素）、八十九心法（主要心理元素），以及心理变化过程的14种作用；说一切有部则用简化的方式将心理现象分为四十六心所法、一种心法。这两派形成印度部派佛学中最重要的两个心理学研究派系。佛学对于个体的心理类型区分也在这个时代开展起来，《清净道论》就记载了贪类型性格、嗔类型性格、痴类型性格、信类型性格等人格区分，但这些类型学的区分最主要是用来选择禅修方式。佛学在这个时代不乏一些日常生活中的物理和心理实验，例如研究声与光孰更快的实验和视觉延迟性现象实验，这些在佛学

印度那烂陀寺遗址

注释书中经常有提及。但这些实验最终没有成为佛学理论研究的主流，更多的佛学研究是依据内省观察方法进行的。

公元4世纪后起的唯识学派，由印度学者无著、世亲等发展了更清晰的归纳逻辑系统，在《大乘百法明门论》中将心理现象分为五十一心所法、八种心法，并清晰地联系这些心法与心所法之间的运行规律。在《唯识三十颂》《大乘五蕴论》等著作中，详细讨论了八识学说，而第八识的阐述与现代心理学的潜意识、认知科学的记忆理论有许多相关的部分。印度那烂陀寺、斯里兰卡大寺等作为当时世界佛学研究的中心，在这个时代担任了重要的角色。

在公元8世纪兴起的密宗佛学运动中，身体与心的关系也被纳入考虑中，印度瑜伽的三脉五轮与心理现象之间的关系被当时

印度密宗佛学瑜伽行者修炼大圆满图

的佛学家所思考，继而在印度和西藏发展了密宗佛学的心理学系统，这是一种结合身体与心理关系的探索。密宗学者认为心理现象与生理层面存在许多相关性，通过对身体的转变也能对心理现象产生理解。当时的著作以各种续部而著名，如《喜金刚续》《胜乐金刚续》《时轮金刚续》等，而论著有《集密五次第论》《甚深内义》等。

佛学的理论心理学部分虽然有内省观察传统，但一直没有建立相当于现代心理学的实验传统。这和佛学心理学关注的目标有关。他们关注这些心理元素以及相关心理规律，并不是为了学理研究而是为了观禅获得解脱。

三、佛学应用心理学的发展

佛学的理论心理学并不是空洞的讨论，它的建立是基于如何改善人类情绪性痛苦这个目标的，这个核心基础使佛学从一开始就具有强烈的实践性。虽然佛学在2 600多年发展的历史上一直存在学者的理论研究，但纯理论的研究在佛学传统中获得的尊重是有限的，佛学经常有说食不饱的评论，就是指脱离实践的理论研究。

佛陀在《中部》就阐述了他的教学只是涉及苦与苦灭之道。"苦"一词在佛学中具有逼迫、空间缩小的存在焦虑的含义。因此可以说佛学是针对这种焦虑性的存在之苦进行设计，而发展出的焦虑性调整策略。佛陀最早对此的心理调整策略，是基于印度的古代苦行和禅定这两大传统的修行上，苦行是试图通过一种自我虐待性的祈祷方式获得神助，这显然注定是失败的；禅定传统是通过各种技术培养心理的专注深度（止禅），通过深度专注获得超

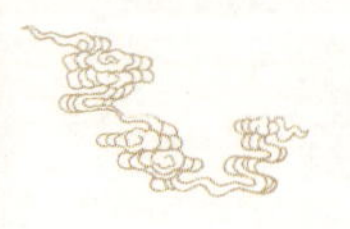

常意识的入静状态。虽然在入静状态任何情绪性痛苦似乎解脱了，但等入静结束，佛陀又发现那些情绪性痛苦还是照样会产生。因为这两种方法的修炼均失败，佛陀转向对自己的探索，这导致他开始发展内观禅修（观禅，有时候也可以称为四念住禅修）的策略，这种心理调整策略是协助一个人意识到各种自己的身心呈现以及这些呈现的自然规律是无常变化。这种调整策略的改善计划显然获得了巨大成功，它可以大幅度或者彻底消除情绪性痛苦和存在性焦虑。佛陀自己因此获得解脱，并且在此后49年中教授这些策略。之后这些形式在公元前3世纪的阿育王时代传入斯里兰卡和东南亚各国，成为那里主要的禅修形式。

佛学的应用心理学的实践大致循这条道路进行，同时，由于实践的发展，同情心的理论和禅修（慈悲禅）被大量发展，这导致大乘佛学的盛行。慈悲禅修被整合作为禅修必不可少的一个方面。

菩提达摩与慧能像

虽然这样的发展也引起了佛学内部的争论，但无论哪个宗派都不同程度地接受这一发展。这其中在亚洲最成功的一支，就是来源于印度而发展在中国的中国禅，它以简明扼要的形式将观禅有效整合在中国汉文化环境中，并将其大规模地传播，也因此影响了朝鲜、越南、日本的禅修传统。此外，在汉语文化圈的传播，还形成了天台宗六妙法门、唐代密宗等禅修方式。

但之后信仰主义和神话主义对佛学产生了一些影响——不少实践者仅仅就信仰原则进行佛学的传递，也有不少佛学理论家彼此之间进行激烈的哲学辩论，使得早先的禅修传统开始受到冲击和削弱，也受到来自佛学内部和外部竞争者们——其他印度宗教的质疑。

佛学的部分成员之后投身于印度密教运动，可以视作他们对

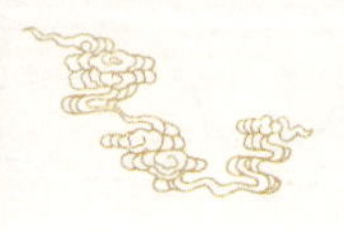

早先禅修传统衰弱以及信仰主义的一种有力补偿。在公元6世纪，印度发起了密教运动，佛学也参与其中。这种结合各种瑜伽传统的方式被佛学的止禅和观禅传统所吸收，开始出现止禅和观禅的发展形式——大手印以及拙火六法等生起、圆满二次第的无上瑜伽传统。这些系统的心理调整方式相比之前的早期古典禅修方式，更多了一些对生理性影响的关注，他们有效地通过对心理意象、呼吸、脉道、明点的控制和改变，来改善生理性约束以及生理对情绪心理的影响，最后达到调整情绪性痛苦的目的。这种身心一体的形式显然行之有效，之后传播进入东亚、南亚以及后来的中亚地区，特别是中国西藏地区，这种传统后来成为藏语系地区主要的禅修形式之一。同时，大圆满这一在印度和中亚没有被重视且没有几代就失传的禅修传统，在西藏意外地获得了大量的关注，发展成为相当有力和有广泛影响的一支，据称可以实现人类转化生理身体的虹化。

对佛学应用心理的禅修最大的误解，往往来自对佛学心理调整策略和目标的误解。许多人以为佛学禅修的目的仅仅是为了很深的入静或者什么都不想。这些理解在佛学上是被否定的。佛学心理学所需要达成的最核心目的通常是意识觉醒（这在佛陀一词的印地语原意中就得到体现，佛陀即觉醒者），也就是明晰知道自己的此在，并由此发展出对此在生命无常的坦然和对生命的同情。而佛学心理学的研究和实践训练，也就是围绕这两项目标来开展的。

参考文献

1. A. K. 渥德尔著，王世安译：《印度佛教史》，商务印书馆2000年版。

2. 净海:《南传佛教史》,宗教文化出版2002年版。
3.《佛藏要籍选刊》(第六册),上海古籍出版社1994年版。
4.《佛藏要籍选刊》(第九册),上海古籍出版社1994年版。
5. 任继愈:《佛教史》,中国社科出版社1990年版。
6. 多罗那他著,张建木译:《印度佛教史》,四川民族出版社1988年版。
7. 多罗那他著,郭元兴译:《七系付法传承》,内部流通。
8.《大正藏》,佛教内部流通本。
9.《南传汉译大藏经》,台北元亨寺妙林出版社1998年版。
10. 索南才让:《西藏密教史》,中国社会出版社1998年版。
11. 宗喀巴著,法尊译:《宗喀巴大师集》,民族出版社2001年版。
12. 觉音著,叶均译:《清净道论》,中国佛教文化研究所1995年版。
13. 张春兴:《现代心理学》,上海人民出版社1994年版。
14. 杰克·康菲尔德:《当代南传佛教大师》,台北圆明出版社1997年版。
15. 明吉·金贝巴班智达:《八十四大成就者传》,佛教内部流通。
16. 任继愈:《宗教词典》,上海辞书出版社1985年版。
17. 普济:《五灯会元》,中华书局1989年版。
18. 杜继文、魏道儒:《中国禅宗通史》,江苏古籍出版社1993年版。
19. 扬金伽卫洛周著,倪维泉译:《生死与中阴》,上海佛学书局1996年版。
20. 三世大宝法王:《甚深内义》,德宏民族出版社2005年版。
21. 罗伯尔·萨耶著,耿昇译:《印度—西藏的佛教密宗》,中国藏学出版社2000年版。
22. 罗睺罗·化普乐:《佛陀的启示》,台北慧炬文库1990年版,第76—101页。
23. 多罗那他:《金刚乘密法概论》,佛教内部流通文本。
24. 吕澂:《吕澂佛学论著选集》(全五册),齐鲁书社1991年版。
25. 卓新平:《宗教理解》,社会科学文献出版社1999年版。
26. 方立天:《佛教哲学》,中国人民大学出版社1987年版。
27. 中国佛教协会:《中国佛教》(全四册),知识出版社1989年版。
28. 无垢光尊者著,妙车释等合编,刘立千译:《大圆满虚幻休息论》,民族出版社2002年版。

29. 弘学:《部派佛教》,巴蜀书社1999年版。
30. 摩诃提瓦著,林煌洲译:《印度教导论》,东大图书公司2002年版。
31. 姚伟群:《古印度六派哲学经典》,商务印书馆2003年版。
32. 李建欣:《印度古典瑜伽哲学思想研究》,北京大学出版社2000年版。
33. 汉密尔顿著,王晓凌译:《印度哲学祛魅》,译林出版社2009年版。

第三章 佛学与心理学的对话的历史概要

现代心理学对佛学的关注很早，美国现代心理学创始人威廉·詹姆斯在1909年出版的《宗教经验之种种》(威廉·詹姆斯，2002)中就提及了佛学禅修经验。但一开始这些关注并非主流，佛学经常被误解为和基督教类似的信仰。只有少数接触亚洲文化比较多的心理学家才能区分其中的不同。但随着翻译成英语的佛学作品的增多，有更多亚洲佛学家在西方进行交流，也有西方心理学家到泰国、日本等地接触佛学。之前西方心理学界不太了解佛学的情况因此已经有了很大的改变，近三四十年以来，西方心理学界已经能够很准确地理解佛学的真正理论内涵和实践。在当代心理学家眼中，佛陀几乎可以被理解为是一位生活在古代的临床心理学家。同时，佛学与心理学对话在近几十年来已经突飞猛进。这一发展也开始影响中国心理学界对佛学的兴趣，这些兴趣也逐渐发展为实际的行动，心理学与佛学的对话研究、论文、出版物正在逐年增加。本章除了介绍西方心理学与佛学的对话历史概要，还介绍了佛学与心理学对话中需要厘清的一些关键问题，以及佛学与心理学对话中某些问题可以得到改善的方向。

印度菩提伽耶大菩提树

佛学产生于公元前6世纪的古印度，之后在整个亚洲传播，18世纪—19世纪随着西方殖民者和传教士的接触而开始传入欧美社会。虽然西方知识阶层很早已经对佛学感兴趣，但真正意义上的接触还是要到19世纪末、20世纪初，而这正是西方科学心理学在德国莱比锡和美国诞生的年代。

一、在西方

西方现代科学心理学兴起的年代是西方文化中心主义盛行的年代，早期心理学家对佛学的认识多数停留在殖民时代的种族偏见或宗教偏见中。即使如弗洛伊德这样伟大的学者，也十分西方中心主义地将佛学的禅修轻率的理解成自恋症，之后有学者解释为海洋经验，其实这多是出于对佛学的无知所造成的。荣格是那个时代对亚洲佛学抱有尊敬的心理学家，他甚至为西文版的《涅槃道大手印》《西藏度亡经》《禅佛教入门》(荣格，2000）等佛学著作写序，但从著作中可以看出荣格虽然态度十分尊敬，但他对佛学的了解还十分有限，他对佛学更多是从他自己的分析心理学的立场来理解的，和佛学本身要阐述的并不十分一致。同时荣格也担忧西方人接受佛学的禅修心理的内容是否会对个体精神生活带来风险。

荣格（1875—1961）

在精神分析的人文主义学派中，弗洛姆等人开始真正对佛学表现出认真倾听和交流的愿望。1957年，在

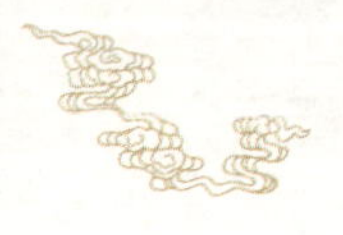

墨西哥召开了一次历史性的会议，弗洛姆等人与日本禅师铃木大拙展开了一次认真的对话，他们对话的成果被弗洛姆、铃木大拙一起出版为《禅宗与精神分析》（弗洛姆、铃木大拙，1988），这是一次跨时代的交流。这次，西方和东方的思想和心灵经验在这里得以交汇，虽然这次会议的对话从今天看来还是很片面和很有局限的，但这一对话的开创意义却是非凡的。之后，缅甸佛教著名的禅师马哈希尊者等人与哈佛大学医学院精神分析家杰克·安格尔多有交流，在1970年，甚至对缅甸10名禅修者进行罗夏墨迹的心理测试。在这一时期，许多西方心理学家也对东方佛学产生了越来越浓厚的兴趣。他们之中有些人甚至在亚洲禅修团体多年之后回到西方社会，重新加入西方心理学研究行列，在佛学与心理学对话方面扮演重要角色，例如杰克·康菲尔德（杰克·康菲尔德，1995）在泰国跟随阿姜查出家多年之后回到美国进修为心理学博士，法国分子生物学博士马蒂厄（马蒂厄，2000）在毕业后前往尼泊尔跟随蒋贡康著、顶果钦则仁波切学习。还有，格式塔疗法的创始人皮

铃木大拙

弗洛姆

尔斯、MRI中心的策略派心理治疗专家等也对禅宗等产生了浓烈的兴趣，并且尝试一些西方化理解的方式进行运用。

1960年到1980年间，佛学与西方心理学的对话大致停留在各自向对方解释自己的阶段，往往佛学方面向心理学所做的解释比较多，而心理学家一方面学习，一方面也困惑如何区分佛学的宗教成分与其心理学成分之间的关系。因为往往一次双方对话，最后会变成偏向一边倒的佛学演讲，心理学家希望在对话过程中拥有更多的话语权和进行相关心理学的交流。随着交流的加深，这种情况逐渐得到改善。在1980年后，心理学家与一些大型的佛学团体展开了更有专题性的深入对话，一些著名的对话会议记录随后被出版，包括《揭开心智的奥秘》《情绪疗愈》《意识的歧路》《心与梦的解析》《心的密码：佛教心识学与脑神经科学的对话》等。

1980年后，西方医学界、心理学界与佛学的对话产生了结果。首先美国麻省学院减压中心的卡巴金博士开发了正念减压课程（MBSR），并与合作研究者一起完成了著名的正念在康复医学中的实证研究。正念在此期间越来越多地引起心理学家的兴趣，华盛顿大学的李翰纳在正念减压课程和佛学原理基础上，发展了对自杀和极端情绪有良好控制调整作用的新疗法——辩证行为疗法（DBT），并因此两次获得美国心理科学奖。同时针对抑郁症康复和预防性治疗的正念认知疗法（MBCT）和具有快速治疗性质与广泛应用范围的接受与实现疗法（ACT）都在去宗教化的正念基础上发展起来，并称为目前全球的主流认知行为疗法第三波新浪潮。西方精神分析与佛学的对话也大量展开，随着西方社会对佛学的阅读和学习，对话的深度不断推进，最近成果是由十几位身兼佛学与一流的精神分析家双重背景的作者展开的对话汇集成的*Psychoanalysis*

*and Bud-dhism: An Unfolding Dialogue*一书，它是精神分析当代思想的巅峰之作之一。

美国戴维斯博士等领导的神经认知研究团队和分子生物研究团队，在1990年之后开展了大量研究。其中最杰出的神经认知研究是在2006年完成的对佛学禅修行者的大脑研究，研究表明经过长期佛学正念练习的禅修者，大脑会发生正向的器质性转变，在记忆、幸福感、情绪调整能力方面会获得更积极的发展，超越了一般人类个体的常模水平。最杰出的分子生物学研究是在2011年完成并发表的禅修行者分子生物学研究，研究表明，长期禅修会引起基因端粒体延长的变化，即在防癌、长寿等方面对人体有积极的改善作用。从2000年至2012年，相关统计国际核心专业期刊发表的佛学与心理学、应用研究的论文呈几何级数增长。目前佛学与心理学的对话正成为当代国际心理学界发展的重点之一。

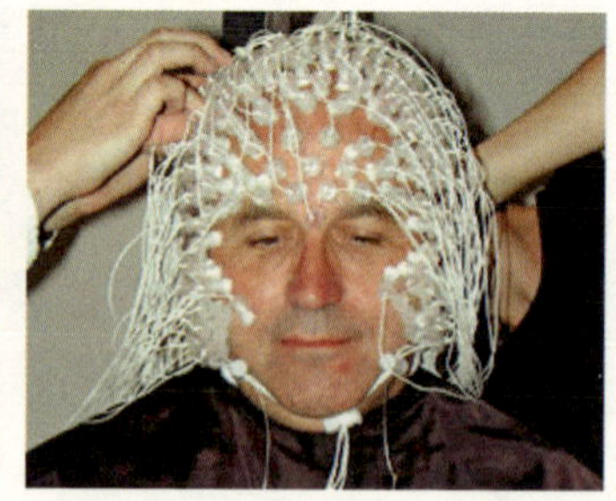

马蒂厄等人作为被试，参与核磁共振和脑电实验

二、在中国

中国佛学界对心理学的兴趣，和中国心理学界对佛学的兴趣，在1949年之前就开始了。例如1947年唐仲容居士在《觉有情》发表了《佛教的心理学》一文。但在1949年后，这方面的讨论就暂时停止了。直到1980年前后，中国的心理学学科和佛学研究恢复，佛学和心理学对话才得以具备良好的条件。

1990年前后，弗洛姆的《禅宗与精神分析》被翻译出版，引起心理学界和宗教学界的广泛兴趣。《荣格心理学与藏传佛教》(拉·莫阿卡宁，1996)于1996年翻译出版。但在此阶段，佛学与心理学交流方面的著作还是十分罕见。

2001年，释衍空在《法音》发表了《佛学、心理学与个人成长》一文；2002年，在为中国北京召开的第28届世界心理学大会准备而出版的《国际心理学手册》(张厚粲，2002)中文版中，荆其诚教授在"国际心理学"章节中将佛学心理学作为全球心理学的古代起源之一。同年，黄国胜医生出版了《佛教与心理治疗》(黄国胜，2002)，是早期的佛学与心理学对话著作，这是一次尝试性的探索，但此书中仅仅就佛学的概念做了罗列和简单比较，并没有到达对话和整合的深入探索。2003年，尹力博士的著作《精神分析与佛教的比较研究》(尹力，2003)从佛学和拉康精神分析的角度进行了横向的比较。2004年，徐钧在第4届华人心理学大会上发表《佛学与心理学的定位》的演讲(徐钧，2004)，尝试从佛学与心理学不同的目标、基础，来定位佛学和心理学在对话中彼此的位置和界限。惟海法师出版了《五蕴心理学》(惟海，2000)，尝试联结佛学五蕴与心理科学之间的关系，为未来的对话铺垫作出了贡献。2007年，陈兵教授出版了《佛教心理学》(陈兵，2007)一书，从佛

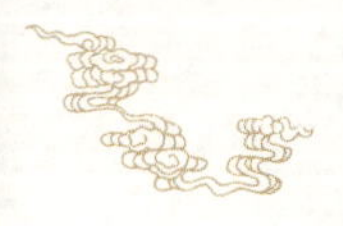

学角度阐述了佛学内部的古代心理学。同期，还有一些心理学家尝试以心理学联姻佛学，例如张源侠博士的《空境救心》（张源侠，2005）等，但在对学科的把握性上并不十分专业。

2004年之后，西方佛学与心理学对话的著作开始渐渐翻译成中文，心理学界和精神医学界开始关注这些出版物和论文。这些出版读物包括介绍西方最新心理疗法进展的《抑郁症的内观认知疗法》（西格尔，2008）、《改善情绪的正念疗法》《辩证行为疗法》《正念》等。但这段时期内，一些十分边缘的灵修作品也大量以心理学和佛学面貌出版，造成了许多读者对佛学与心理学的误解，也造成了对佛学与心理学对话的疑虑。而实际上，灵修的概念，是基于西方嬉皮文化及新时代文化的延续。在西方心理学界和佛学界从来没有获得过认可。

2009年，在济群法师组织推动下，经戒幢佛学研究所的赞助和策划，举办了第一届“佛学与心理治疗对话论坛”。全国十几位著名的临床心理学专家参与了会议，对佛学与心理治疗的问题进行了深入对话，此后对话集由内刊形式出版。在这次对话后，由戒幢佛学研究所支持，由济群法师、申荷永教授主编，徐钧执行主编，翻译并出版了一套“佛学与心理治疗对话译丛”，包括《正念与接受：认知行为疗法的第三波浪潮》《正念生命中重要之事》《平常心：禅与精神分析》《精神分析与佛学》《意识的转化》，这五本著作也代表了西方当代临床心理学界在佛学与心理学对话阶段性成就的巅峰。同时，佛学与心理学的对话也在心理学界和佛学界受到越来越多的关注。

2011年，戒幢佛学研究所赞助和策划了第二届“佛学与心理治疗对话论坛”会议，20多位专家和几百位与会者参与了这次会议。在这次会议中，心理学界和佛学界就正念与慈悲的主题，展开

2011年，第二届“佛学与心理治疗对话论坛”会议

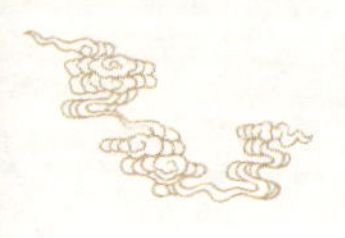

了各种临床心理问题和佛学理论角度的探讨和辩论，由于经过几年的准备，本次会议的对话双方对对方的了解，已经比之前更为深入，所以对话颇有成果。在本次会议结束后，正念减压课程的创始人卡巴金博士也以观察员身份来中国参加了与中国心理学家的讨论。

2013年、2015年、2017年分别举办了第三、第四、第五届“佛学与心理治疗对话论坛”会议，佛学与心理学的对话在中国从起步，开始进入到反思、实践运用、争鸣渐入佳境的位置，在未来，这一对话领域将渐渐扩展到更为科学的专业实践中来。

三、佛学与心理学对话的问题

佛学与心理学的对话，不管在东方还是西方，都面临一些需要预先澄清的概念和边界设置的问题。

有现代心理学家质疑，佛学与心理学对话是否是一种本土心理学的行为。是否有搞本土心理学的必要呢？在这个概念中，需要区分两种意义上的本土心理学：一种是与全球心理学跨文化合作接轨的本土心理学；另一种是完全封闭搞自己一套心理学语境的本土心理学。佛学与心理学的对话的开展应该是第一种本土心理学，这是中国乃至亚洲社会十分需要的发展路径。当代心理学的语境虽然是以西方语境为中心的，但当代心理学不否定心理学在各个文化圈是存在差异性的。如彭凯平博士所领导的跨文化认知心理研究所证明的，文化性是渗透在心理认知和情感层面的，人类心理虽然是普世的，但这一普世的特性除了共有的方面外，随着地域、文化、民族的发展，是存在个性差异的。

在佛学与心理学的对话过程中，有时候会出现各说各话的问题。因此要区分这样一个事实,就是不管佛学还是心理学,都没有办法代替对方存在,双方各自有其研究范畴和边界,虽然他们现在因有共同的内容和兴趣可以走到一起来对话。

经常有心理学家轻视佛学的内容,或者虽然尊重佛学但自以为已经精通佛学,这显然是很自大的行为;但也有佛学家对心理学不屑一顾,认为佛学早已经包括了心理学所有的知识和技巧,从信仰层面或许我们可以尊重这一说法,但这显然不是事实。这些认识上的贡高我慢,会导致对话无法有效进行。

所谓对话,需要彼此认真对待和倾听对方的声音,即使那是不同的声音,而这正是心理学所谓的倾听和共情,或佛学所谓的慈悲和尊重。所以彼此能够认真倾听对方的内容和思考,是对话中十分重要的事情。不然就会产生佛学家只是热衷于说佛学家的内容,而不顾及心理学家是否可以听明白;而心理学家也只热衷于自己的内容,而没有关注自己的内容与对方可能的相关性是什么。这样,对话的目的就不存在了。

佛学与心理学是否需要替代或者吸收对方学科为自己学科的内容呢?这显然是错误的,因为佛学与心理学还是有自己清晰的边界的,佛学在正常心理和超常心理方面、内省研究古来即多有作为,而心理学在正常心理、病态心理学、实验研究等方面是佛学所不擅长的。所以在彼此交流中,可以取长补短。但它们应该有自己的界限,同时也需要尊重对方学科的界限。佛学的确有历史悠长的心理学经验,这个是值得现代心理学探索和学习的。但心理学的科学方法和已有成果,也是可以为佛学所借鉴的。

佛学与心理学对话和借鉴的开展,在全球虽然已经成为一种流行,但真正的深度对话还需要更广泛的研究才能渐入佳境,这需要全球心理学家和佛学家一起努力。这一相遇,也是全球因为

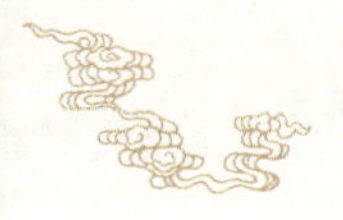

现代交通和信息世界的高度发展而达成的，这在古代社会是无法想象的奇妙事件，而我们正在经历这一进程。而在当前中国，在“五四”之后对传统文化的返身也正在重新开始，中国乃至亚洲传统文化曾经在殖民主义的打击下一度消沉，但经过100多年，我们也发现全部否定传统文化价值的全盘西化，同样会有相当大的问题。而对现代西方文化优势的学习以及传统文化的继承的整合，才是未来发展的方向。这样的文化自觉，也正在中国社会科学和心理学中发展起来。

参考文献

1. 威廉·詹姆斯著，唐钺译：《宗教经验之种种》，商务印书馆2002年版，第392页。
2. Joseph Thompson. Psychology in primitive Buddhism. 1924.
3. 荣格著，杨儒宾译：《东洋冥想的心理学：从易经到禅》，北京：社会科学文献出版社2000年版，第93、140、148页。
4. 弗洛姆、铃木大拙著，王雷泉译：《禅宗和精神分析》，贵州人民出版社1988年版。
5. 杰克·康菲尔德著，曾丽文译：《心灵幽径》，台北幼狮文化事业公司1995年版。
6. 马蒂厄等著，陆永旭译：《和尚与哲学家》，江苏人民出版社2000年版。
7. 杰瑞米·海华等著，靳文颖译：《揭开心智的奥秘》，台北众生出版社1996年版。
8. 萨拉·豪斯曼著，郑振煌译：《意识的歧路》，台北立绪文化事业有限公司2002年版。
9. 丹尼尔·高曼著，李孟浩译：《情绪疗愈》，台北立绪文化事业有限公司1998年版。
10. 杰仁波切著，杨书婷、姚怡平译：《心与梦的解析》，台北四方书城有限公司2004年版。
11. 克里斯多福·德查姆斯著，王惠雯、郑清荣译：《心的密码：佛教心识学与脑神经科学的对话》，台北法鼓文化出版社2010年版。
12. Jeremy D. Safran et al. Psychoanalysis and Buddhism: an unfolding dialogue, Chapter VII, Wisdom Publications, 2003.
13. Antoine Lutz, Lawrence L. Greischar, Nancy B. Rawlings, Mattieu Richard, and Richard J. Davidson, Long-term meditators self-induce high-amplitude gamma synchrony during mental practice, PNAS, Vol.101, No. 46, November 16, 2004: 16369–16373.
14. 拉·莫阿卡宁著，江亦丽等译：《荣格心理学与藏传佛教》，商务印书馆1996年版。
15. 唐仲容：《佛教的心理学》，《觉有情》（民国期刊），1947年。
16. 释衍空：《佛学、心理学与个人成长》，《法音》（期刊），中国佛教协会2001年。
17. 张厚粲主编，荆其诚等参与：《国际心理学手册》，华东师范大学2002年版，第806页。
18. 黄国胜：《佛教与心理治疗》，宗教文化出版社2002年版。
19. 尹力：《精神分析与佛教的比较研究》，巴蜀书社2003年版。
20. 徐钧：《佛学与心理学关系的定位》，第五届华人心理学大会，2004年。
21. 惟海：《五蕴心理学》，宗教文化出版社2000年版。
22. 陈兵：《佛教心理学》，台北佛光出版社2007年版。
23. 张源侠：《空境救心：中国禅与现代心理诊疗》，中国戏剧出版2005年版。
24. 西格尔著，刘兴华等译：《抑郁症的内观认知疗法》，世界图书出版公司2008年版。
25. 威廉姆斯著，谭洁清译：《改善情绪的正念疗法》，中国人民大学出版社2009年版。
26. 麦凯著，王鹏飞、李桃、钟菲菲译：《辩证行为疗法》，重庆大学出版社2009年版。
27. 卡巴金著，雷叔云译：《正念》，海南出版社2009年版。
28. 巴赫著，方双虎等译：《接受与实现疗法：理论与实务》，重庆大学出

版社2011年版。

29. 海斯等编，叶红萍等译：《正念与接受：认知行为疗法的第三波浪潮》，东方出版中心2010年版。
30. 罗伯特·兰甘著，董建中译：《正念生命中重要之事》，东方出版中心2011年版。
31. 马吉德著，吴燕霞、曹凌云译：《平常心：禅与精神分析》，东方出版中心2011年版。
32. 杰瑞米 D. 萨弗兰主编，张天布等译：《精神分析与佛学：展开的对话》，东方出版中心2012年版。
33. 杰克·安格勒著，李孟浩译：《意识的转化》，东方出版中心2012年版。
34. 明就仁波切著，江翰雯等译：《根道果》，海南出版社2010年版。
35. 丹尼尔·西格尔著，李淑珺译：《第七感》，台北心灵工坊文化事业股份有限公司2010年版。
36. 丹尼尔·西格尔著，李淑珺译：《喜悦的脑：大脑神经学与冥想的整合运用》，台北心灵工坊文化事业股份有限公司2011年版。
37. 西格尔著，李孟潮译：《正念之道：每天解脱一点点》，中国轻工业出版社2011年版。
38. 凯特·洛文塔尔著，罗跃军译：《宗教心理学简论》，北京大学出版社2002年版。
39. 麦克·阿盖尔著，陈彪译：《宗教心理学导论》，中国人民大学出版社2005年版。
40. 麦克格拉思著，王毅译：《科学与宗教引论》，上海人民出版社2000年版。
41. 斯特伦著，金泽、何其敏译：《人与神：宗教生活的理解》，上海人民出版社1991年版。

第三编

心理学与佛学的理论比较

佛学，其实就是亚洲的一种宗教哲学，经历了印度和中国的不同发展时期，形成经量部、说一切有部、上座部、中观宗、唯识宗、大手印宗、大圆满宗等阶段。这些哲学宗派研讨的核心就是悲和智，慈悲或易于了解，而所谓智，其实就是“缘”的哲学。“缘”这个词连接佛学，有讨论整个生命的心身运转和延续过程的十二缘起；有讨论事物之间各种联系和作用关系的二十四种缘、六因四缘；有讨论事物联系的世界本质的缘起性空。另外佛学也有语言学（声明）、逻辑学（因明）等专业的研讨，这些在哲学和心理学层面的讨论都可以极大丰富我们对世界的认识。

本编涉及佛学各个层面与心理治疗理论进行比较和讨论，同时也包含了一些在对话后，心理治疗理论方面的整合和借鉴佛学某些哲学的研究。其中《禅与箱庭疗法》《藏传佛教历史上四个梦的精神分析解读》《亚洲佛学文化背景下的阿阇世王情结》是过渡性和酝酿性的作品；之后的《死本能与无常：精神分析的超越性》《精神分析中的真实关系：有和空》《佛教因缘哲学与精神分析的主体间性》《聚焦与因缘哲学》是开始思考渐渐成熟后的作品；《十一面观世音本生传说隐喻的成长之路》《自我与无我：心理疾患等与佛学》则是向未来再次过渡和推进性的思考。

第四章 禅与箱庭疗法

多拉·卡尔夫（1904—1990）

箱庭疗法传自瑞士的容格分析心理学家多拉·卡尔夫，是基础于荣格心理学、世界技术、客体关系理论而发展出的沙盘疗法，由日本著名心理治疗家河合隼雄学习并介绍到日本，后来他发现沙盘其实很类似中国和日本古代的箱庭——即盆景，于是结合东方的意涵，而在日本实践沙盘，称为箱庭疗法。箱庭疗法可以看作是沙盘疗法在东方实践中，整合了东方文化和风格后发展出的传承。

本篇是2002年我据对箱庭疗法的学习和工作经验，同时整合了对佛学的理解所形成的一篇教学介绍性文字。

一、箱庭疗法的原理：就那样

箱庭疗法中使用的“就那样”一词，令我想起禅的语言，就是“如其所是”或“本来面目”的意思，这也很像禅师们开悟时所说

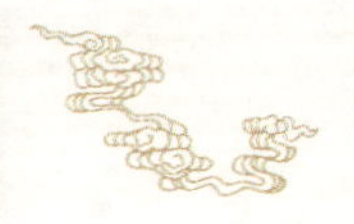

的一样。

“就那样”在箱庭疗法中是指来访者的真实体验。在心理困扰的病理中，箱庭疗法认为，“就那样”是人内在真实表现的时刻，但生活或社会总可能有别的观念约束，这些约束会内化成为自我防御个体内在真实的墙壁，而隔断了表象自我和内在机体真实的联系，或者说隔断了意识和无意识之间的联系。这时候烦恼和心理困扰就产生了。而重建这一联系，使内在机体的真实被表象自我所体验，或者说无意识的内容被意识所真正接纳，则烦恼和心理困扰就能得以解脱。

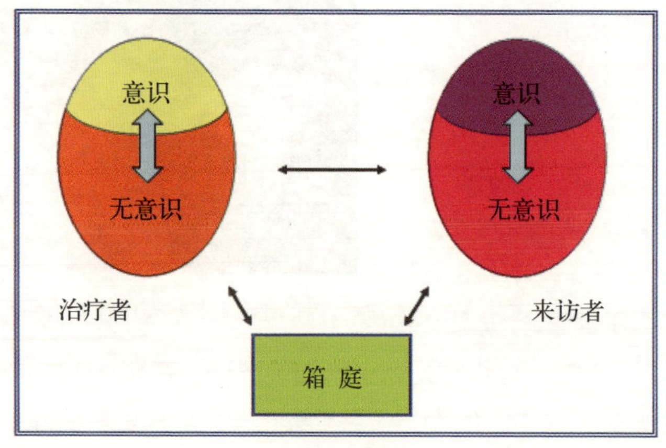

过渡性空间

由于箱庭疗法来源于荣格心理学，“就那样”一词又很类同于荣格心理学的“原型”，“原型”代表一种生物机体普遍存在趋势，这一趋势来自生物在长期演化中为了适应环境而发展出的功能。现代社会由于环境和环境中的各种心理象征物改变或损失了，自我的表象意识走得离开原有的机体真实太远时，那些内心的“原型”力量的表现就会在某种程度上受到挫折和障碍，而这些被挫折和障碍的能量其实并没有消失，而是以一种烦恼，或神经症症状、人格障碍等形式表现出来。

“就那样”来自一种东方式语境下解释“原型”的词语，它类似禅，“就那样”类似禅所要亲证的“本来面目”。当这一本来面目再次在现代社会和生活中被亲证和接触到的时候，烦恼或困扰就自动消失。

二、箱庭疗法的沙具收集：个人史和资粮

箱庭疗法最重要的工具自然就是沙盘和其中的玩具，而收集其中玩具的工作则是最重要的一个环节。用佛教术语来说，它们

是“资粮”，即一种积累，对于将来道路的酝酿性积累，资粮更直白的意思是要准备将来旅程中的食粮。

虽然箱庭疗法的沙盘和玩具有不便宜的现成品可以购买，不过现成购买的沙盘玩具一般作为基础沙具比较适当，如果想在箱庭进程中获得良好的治疗效果，那理论上沙盘最好是具有治疗师个人生命色彩的，那几乎是活的，那些玩具多能折射出治疗师个人的风格。沙盘、沙具最好和该器具的拥有者——箱庭治疗师是一体的，即佛教所谓的身土不二。这系列沙盘中的玩具其实反映了治疗师本身的个人生命史，包括阅历、背景、情结、原型、自我的探索、学习、感悟等。

最好的沙盘玩具类型和数量，是会随着治疗师的生命的成熟而改变的，并不存在一种一成不变或现存的沙盘。当我们看到不同沙盘和玩具时，我们一定会看出每个不同风格和经历的治疗家的一些内在生活，这是箱庭治疗家“就那样”的真实存在，也是箱庭疗法中协助来访者“就那样”的开始。

三、箱庭疗法的设置：守护曼荼罗

守护曼荼罗是佛教中保护修行者不受到恶魔攻击的界限，而心理治疗中的设置就类似于此。设置可以帮助规定好治疗师和来访者之间的界限，并因此能够体察种种移情和反移情而理解来访者的关系模型。那些来访者试图突破设置的行为因设置的存在，可以被治疗师及时了解，而纳入治疗的进程中。

在箱庭疗法过程中，50分钟是规定的时间，可以根据来访者要求缩短，但一般不会延长。而在箱庭实践过程中，来访者因为情绪失控而产生攻击箱庭玩具中某些物件的行为，则需要及时加以

制止。因为这可能是来访者的自我进入过深或者是创伤激发过于严重等的结果。

而安全的箱庭治疗室，要符合心理治疗行业的治疗师道德伦理，绝大部分设置也类似于其他的心理咨询室。但无论如何，这是一个需要特别关注的点。

四、箱庭治疗师在治疗关系中：母亲和禅师

（一）母亲

如上所述，箱庭疗法来自日本心理治疗大师河合隼雄的贡献，源自瑞士荣格的学生卡尔夫的创意，卡尔夫在创立沙盘疗法前，曾经求学于著名的英国精神分析客体关系理论家温尼科特。

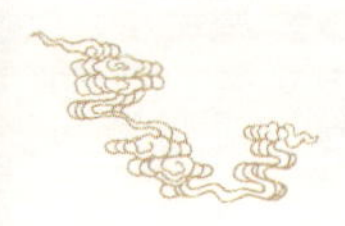

温尼科特以足够好的母亲、过渡性客体、包容性环境、真自体和假自体等观点，影响了客体关系理论和自体心理学。其中包容性环境对于箱庭疗法可说有重要意义，温尼克特说："最初，母亲本身就是这个促进发展的环境"。此促进发展的环境其特质即是"调适"(adaptation)。

而类似的观点包括包尔比的安全基地、比昂的包容、科胡特的自体客体，这些类似的观点都强调了在治疗时间内，治疗师对于来访者深入理解的重要性。这时候来访者如果感受到自己身处一个安全的、被关注、被赞赏、被原谅、被容纳的抱持性环境，那治疗就会更为顺利。

这时候，治疗师的角色就如一个母亲，以容格的分析心理学来说，这被称为来访者对于母亲原型的需要。这时候治疗的进展就会自动发生。

也有如老子曰：圣人无常心，以百姓心为心。

（二）禅师

禅的禅师所表现的是无缚的自由和平常心的睿智，他对于弟子的开示是充满节制的、启发式的。因为真实是不可能被言传的，因此关注态度的启发和身教对于弟子更为重要。印度与中国——西藏类似禅的大圆满传统中早期也有非语言的持明表示传授。箱庭疗法的本质是非语言的无意识治疗，与此很类似。因此在箱庭

疗法的过程中，治疗师对来访者除了有如母亲角色的关注包容外，陪同其一起度过这些制作沙盘的时间也是十分重要的，在这些陪同中许多影响和改变尽在不言中进行。山中康裕在《沙游疗法与表现疗法》一书中表示："沙游治疗最重要的是什么？就是治疗者的在场，也就是说在个案制作沙盘时，有一个专心在一旁守护的治疗师存在，这本身就是治疗的重点。"

或许真实本身需要治疗师对于自身的触及，而这一触及需要自身的训练。只有当治疗师是足够真实存在时，来访者在箱庭治疗中才有接触真实的可能。而这一自然的对于"就那样"的触及是治疗师所确信的。

有时候，有教育取向的治疗师会觉得，箱庭疗法中似乎除了那个箱庭工具外，治疗师什么都没有干。但实际上治疗师在旁边的深入关注、和来访者对于沙盘的共同欣赏、和来访者的稍许对话，和自己对于真实存在的"就那样"的领悟，都会无意识中深深地影响来访者的无意识，进而产生治疗功效。

禅师明白一件事情，对于真理的开悟终究需要弟子自己去经历，他不是去指导，因为那样会干扰弟子的心灵的进展，不是在原

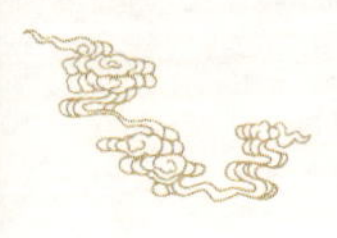

来的内容上附加新的内容，而是让原来被附加的内容下的真实被揭示出来。而对于箱庭疗法来说，也是这样，痊愈需要来访者自己来通过该过程来完成，通过自己的接触来经历真实的感受。

五、箱庭疗法的实践核心：儿童的再生

温尼科特曾经说，如果一个人能够恢复游戏能力，他的心理困扰就开始走向痊愈了。

在《村上春树去见河合隼雄》一书中，两人的一段对话也十分能够说明这点：

村上：有病的人不会创造故事吗？

河合：因为心理困扰，所以不能创造。

在儿童时期，我们往往会更自由和忘我地玩，这时候我们更接近生物机体的本性，而随着年龄增长，这些本性越来越被社会所要求的形式所束缚，当然社会要求的这些形式并不是错误的，只要合理都是生存所需要适应的。但往往问题在于，我们不知道哪些部分才是真正需要防御的，有时候我们会因为某种原因去回避和压抑自己的"就那样"的真实感受，于是困扰就慢慢形成了。

而箱庭疗法就是让来访者在箱庭的实践过程中自发性和原创性地去选择沙盘玩具，去感受游戏沙子和摆放玩具和布景，这些过程本身极大地促进了来访者与合乎本性的"就那样"的感受相接触，在此时此刻渐渐地获得修行进展，而由对于真实本性的渐渐接触，最后导致量变到质变的顿悟。

儿童原型的复苏是让一个人的机体和心理回归自然之中，而其实自然并不远，就在每个人的身心之中，只是因为迷惑而一直受到不合适的防御而已。现代化的社会进程导致人的自我表象意识

发展得太脱离自己的无意识本性部分，这样的疏离带给我们的可能是不幸福。而重新发现这一本性中的“灵魂”则使生命重新得到完整的启动。

六、箱庭疗法的文化原型：来自古代

箱庭疗法另一个作用的意义在于沙盘玩具中所反映的文化原型。当代社会的文化象征已经起了很大变化，在文化象征中，古代人意象中的火龙可能是我们现代人意象中的火车，而古代的骑鸟飞行可能是现代人的坐飞机。现代人类的内心缺乏原型象征体验的原因在于，现代社会的生活价值和生存环境已经在很短的时间内快速变化了，而人类内心那些需要被释放的能量却因为在这快速变化的环境中一下子找不到投射物而产生了躁动。

箱庭中所体现的古代和现代的玩具物品，能够充分帮助来访者去寻找已经丧失在自己无意识中的古代灵魂，让那些能量得以合适表现并和现代社会重新健康的联结，这些重新获得的与当代自我意识的联结是心理走向健康的关键。

许多传统的沙具，例如各地的宗教偶像、原始部落的内容、传统的儿童玩具、甚至沙和水本身，就是能够产生巨大治疗功效，帮助联结过去、现在和将来的重要工具。

那些原型和“就那样”的感受是紧密联系的，这些原型的被关注和被表现对于个体的意义是重要的。

所以对箱庭治疗师的一个建议是去多阅读文化人类学和神话学的作品，以丰富自己对于沙盘可能出现的各种表现有理解的可能。尽管箱庭不需要去解释，但这对于理解来访者是很重要的。

七、箱庭疗法的位置象征结构(参考)

箱庭疗法的位置象征结构是根据笔迹学等的结构发展的一套图形象征。但这些仅仅是一种阅读沙盘时候的参考,不能绝对配对。

以面对沙箱的左右上下对照如下:

上:意识、精神意义

下:无意识、物质、肉体、欲望

左:内部、母亲、过去

右:外部、父亲、未来

左上角:风、死亡观

右上角:火、希望、回避、终极意义、宗教

左下角:水、诞生、发展、开始

右下角:地、堕落、地狱、恶魔

左上方:生命的旁观

右上方:与生命的对抗性

左下方:固执或坚守

右下方:本能、斗争

把这一象征图像与中国风水学和《周易》结合起来，可以发现许多类似的地方，风水学和《周易》虽然在中国有一段时间被斥为迷信，不过近年从建筑学的角度来讲，风水学和《周易》有部分内容还是有一定建设性的。不过关于这一问题的探索估计要有对此专门有相关研究的学者来讨论。

八、空：箱庭疗法的治疗进程

空，是一个经常被人误解的佛教专用词，它的意义经常被误读成“虚无”“虚空”“空的感受”。但这其实是错误的。

空，在佛教经典用语里，是无主宰和变化无常的意思。

怎么说呢？

佛陀最早的弟子阿说示在偈语中阐述道：“一切事物都是因因缘条件的聚合而生起，也因为因缘条件的结束而毁坏。我的导师乔达摩（即佛陀），常作这样的教导。”

这里面显示了所有现象都是因缘条件聚合而成的，因此也会变化，所以所有现象的本质是没有一个主宰者的，这就是真理。而执着一个并不真实存在的、永恒不变的存在，那就是引起执着痛苦和烦恼的原因。

箱庭疗法的时间过程显示了一个没有本质的过程，正因为没有主宰，所以来访者才可以痊愈，正因

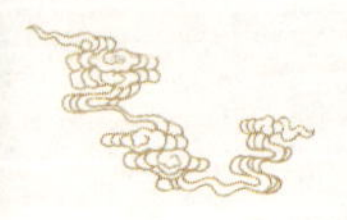

为心理困扰其实是自然的自我调适，了解了这点，病的概念才发生转换。

荣格曾经转述过一个中国的故事：一个地方发生旱灾，当地人请了许多祈雨的人来，都发现没有什么效用。于是根据传说到一个山里请了个据说已经悟道的道士来祈雨。当那个道士到达时，大家发现他是个衣裳破旧的糟老头，而那个老头找了个房间就自顾自地做每天原来需要做的事情，大家觉得上当了，但过了几天，天就开始下雨了。有人问这个老头做了什么？老头回答说："当我到达这地方的时候感受到这里的天地失去了平衡，所以不下雨。我在这里什么也没有做，只是按照原来的方式合道而行，自然就恢复平衡了。"

箱庭疗法的过程也是如此，治疗师只要同在，以包容、关注、深入之心，与来访者共处沙盘之中，共处于文化原型所显示的各种玩具之中，则道不远人，治愈就进行其中。

老子曰："致虚极，守静笃；万物并作，吾以观复。夫物芸芸，各复归其根。归根曰静，静曰复命。复命曰常，知常曰明。"

九、沙之味：箱庭疗法中的感悟

沙盘的体验首先是全局的，那就是一个关于生命的故事，虽然我们未必真正知道里面的全部，但此一沙盘整体上，其"气"是可以用心去感受的；其"味"是可以用心去回味的，在此之后，联系全局而对于沙盘有局部的考量会比较合适。但这些都是开放性的，而非评价性或解释性的。

一个真正的沙盘不需要分析和解释，尽管沙盘可以用来测量投射。但那些对于图像分析的野蛮分析在箱庭疗法中被批评为治疗师试图投射，这是许多运用沙盘这一工具的治疗师所不理解的，而这正是箱庭疗法的大禁忌。

箱庭疗法是非语言的和无意识的治疗方式。这是箱庭的特征。

箱庭疗法所给予的语境和行境，很类似“禅”。河合隼雄曾经说，形是容易掌握的，而意是难以领悟的。这点出了箱庭疗法中的关键，作为一个疗法，乍一看，会觉得简单到白痴也可以掌握，治疗师只要有个箱庭就可以了，然后像木头杆一样站在旁边看来访者做就是了。实际这是一种误解，至于为何是误解，在上述的八个段落中已经作了解释，其实箱庭疗法的实践者如果需要做好，是需要很多理论和实践的修业的。

当以手握起细沙之时，沙会缓缓在掌缝间流失，犹如沙漏所展现的时间。

治疗师和来访者共同欣赏箱庭和共同拥有喜悦时分，不管是喜是悲，这一切都展现来访者真实的存在部分，这是值得关注和尊敬的时刻，犹如一个世界的诞生，我们注目那个创世者。

就沙盘的欣赏和体验来说，每一个沙盘都是一个新的体验和进展。

参考文献

1. 申荷永、高岚：《沙盘游戏（理论和实践）》，广东高教出版社2004年版。
2. 河合隼雄著，郑福明译：《佛教和心理治疗艺术》，台北心灵工坊版2004年版。
3. 山中康裕著，邱敏丽译：《沙游疗法和表现疗法》，台北心灵工坊版2004年版。
4. 村上春树、河合隼雄著，赖明珠译：《村上春树去见河合隼雄》，台北

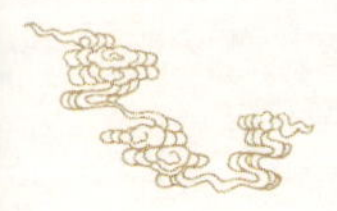

时报文化2004年版。

5. Kay Bradway, Barbara McCoard.《沙盘游戏——心灵无声的工作室》。
6. 霍尔著，冯川译：《容格心理学入门》，上海三联书店1987年版。
7. 威尔默著，杨韶刚译：《可理解的荣格》，东方出版中心1998年版。
8. 史蒂文斯著，杨韶刚译：《二百万岁的自性》，中国社会科学出版社2003年版。
9. Michael St. Clair著，贾晓敏、苏晓波译：《现代精神分析的圣经：客体关系和自体心理学》，中国轻工业出版社2002年版。
10. 怀特、韦纳著，吉莉译：《自体心理学的理论和实践》，中国轻工业出版社2013年版。
11. 罗睺罗·化普乐：《佛陀的启示》，台北慧炬文库1990年版。
12. 老子：《道德经》。
13. 普济：《五灯会元》，中华书局1984年版。
14. 铃木大拙著，孟祥森译：《禅学随笔》，台北志文出版社2000年版。

第五章　藏传佛教历史上四个梦的精神分析解读

在我完成《佛学和心理学关系的定位》的论文后，我继续思考这种对话如何才能有意义的深入下去，而不仅仅是浮在表面。

当时，正好与精通荣格派分析心理学梦工作治疗的陈侃博士在华东师范大学的会议上见面，就分析心理学与佛学的梦的研究交流甚多。之后申荷永教授主编《中国文化与心理分析》的专刊，陈侃博士就邀请我撰写其中佛学与精神分析比较的部分。由于我比较熟悉精神分析自体心理学，因此尝试从自体心理学的角度讨论了佛教历史上的一些梦，同时通过这些梦的自体心理学解读，来阐述佛学的个体与人际关系的作用。这就形成了目前的《藏传佛教历史上四个梦的精神分析解读》。它是延续《佛学和心理学关系的定位》的思考，就内容而言或许有更多文化人类学的价值，但在佛学与心理学对话中起到的作用是过渡性的。

另外，佛学对梦的研究开始很早，在印度中世纪达到顶峰，其时对梦的研究和训练已经发展出了很丰富和系统的禅修和对话技术。这也是这篇文章可以提供的一个指向，虽然对佛学中梦、瑜伽、禅修的研究任务仍十分艰巨。

自我的胜任和雄心伴随着人类发展和创造，在人类文化的

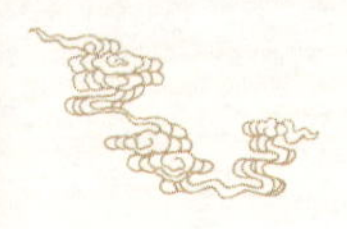

方方面面展现它的推进力。在公元前3500年的古埃及《亡灵书》中，就记载了人类这一自我追求的呼声（怀特、韦纳，2002）。自体心理学创始人科胡特指出，这是人最本质的特性，人类的本质即是自恋——这一自恋特指一种人类借着胜任的经验而产生的真正的自我价值感，认为自己值得珍惜、保护的真实感觉，这也可以视作人类关系中自尊的基础，也构成社会发展的基石（巴史克，2000）。在科胡特的定义下，一般个体的适度自恋——自体心理学使用自恋一词并不具有贬义——是健康的，而且我们整个社会也是允许适度自恋的，只有个体过度自恋并超出了社会对于自恋允可的范围才是不健康的。

在藏族地区的人类学田野工作过程中，我们发现藏传佛教中重要的教派创始人或导师的梦，比较一致地呈现出科胡特所指出的自我胜任和雄心之追求，这些个体的推进力通过藏传佛教文化对于梦的价值认同，而直接对佛教教派发展、当地人的生活甚至世界产生长远影响。这一发现也在某些方面佐证了荣格心理学原型的普遍性的观点。因此作者在本文中利用人类学田野工作的资料，选取在藏族地区人类学工作所获的梦资料中四例各具特色的梦——米拉日巴的四大柱之梦、冈波巴的鼓号之梦、蒋扬钦哲旺波的学习和变身之梦、曼日堪布的贝壳之梦，尝试从自体心理学视角，联系这四例梦中的个体及其前后事件和对后世的影响，运用自体心理学的研究方法，来为大家呈现西藏梦文化中这一自体胜任的具体及其梦工作的文化。

一、米拉日巴的四大柱之梦

米拉日巴是北宋年间西藏著名的佛教实修大师，传说他先是为报家仇而使用诅咒法消灭了众多怨家仇敌，之后忏悔自己杀生的恶行而痛改前非，追随当时由印度留学回来的西藏四大著名的佛经翻译家之一玛尔巴修行，通过了玛尔巴对他几近虐待的考验——被要求独立建筑几座石房，随后玛尔巴与他如父子一样相处，并把平生所学佛教真传全部传授给他。这个梦就发生在米拉日巴经历了诸般考验后，在大师玛尔巴处学习将要完成时。当时的情况是：玛尔巴博学多才的亲生儿子因坠马去世，而玛尔巴感觉自己已经年迈，他在印度所学的佛教继承和发展成了他所关心的问题，于是他要求他最重要的几位弟子去祈祷梦，以预示未来。藏传佛教地区或者受藏传佛教影响的人群都会十分重视梦的预兆性启示等，这直接会影响每个个体的当下或今后的生活。

在玛尔巴对包括米拉日巴在内的弟子提出这个要求的当天晚上，米拉日巴做了这个梦。梦境是这样的：

在印度的北方，喜马拉雅雪山延绵。雪山之巅日月围绕，江河流淌。大地绿草欣遍，花草尽向太阳，万花齐放。在喜马拉雅雪山如梁柱的东方山冈上，一头雄狮在起舞，它的四爪腾跃雪山之巅，仰视长空并怒吼连连；在如梁柱的南方山冈上，一头猛虎仰空顾盼，吼啸之声震动四疆，在苍莽森林和高原上，它或奔跃树林间，又或若有所思的停歇；在如梁柱的西方山冈顶上，一头大鹏鸟伸展两翼翱翔在碧霄云端，双目睥睨在空中视见四方；在如梁柱的北方山冈的悬崖旁，鹫鹰修建它的巢在悬崖旁，鹫鹰此时生了一头小鹫鹰，百鸟都飞来照看，之后鹫鹰飞上太虚而盘旋俯视。（密勒日巴，1999）

这个梦首先可以感受到的是一种自我胜任的雄心，在藏传佛

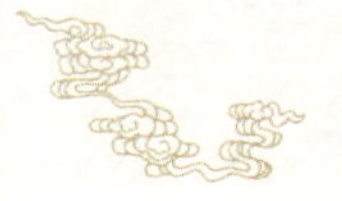

米拉日巴（1040—1123）

教的文化象征中，雄狮、猛虎、大鹏鸟、鹫鹰都是吉祥的象征物，同时它们代表着权力、力量感（让·谢瓦利埃、阿兰·海尔布兰特，1994）。我们在古罗马等许多文化的徽章上，都可以看见鹰或者狮子这类代表掌握力量的形象。米拉日巴所接受的佛教教育，可以说是当时西藏最好的教育之一，因为玛尔巴在印度接受的是佛教大学那烂陀寺的知识传递——那个时代全球最好的综合教育。米拉日巴之前是一个严重内疚的戴罪之人，玛尔巴考验他之后对其全然接受，并授予他那些代表着超越死亡的知识，这使米拉日巴的心理转变很特异，在世界各地的文化原型经常也出现这类人物——从邪恶者到圣徒。

米拉日巴之前为报家仇使用诅咒法消灭了众多怨家仇敌的行为，反映了他的自我胜任感遭受亲戚不神入的伤害后所表现的暴怒及随后衍生的攻击。科胡特的人道理念和临床观察使他提出，人之所以产生暴力攻击行为，其实是环境对个体不神入的回应或伤害的后果，而并不是人性本身所欣喜的行为。

当前梦的发展似乎预示着米拉日巴被来自大师玛尔巴作为自体客体神入后，重新获得的自我胜任之喜悦，并表现出自己能够继承这一知识的自信。而这一喜悦在梦的最后一段被泄露，“鹫鹰生了一头小鹫鹰，百鸟都飞来照看”。在无意识中，米拉日巴全然自信地能够接受自我是这一佛教知识的传递者，那头小鹫鹰似乎象征着他联结和延续了玛尔巴的精神生命。但这一情节，同时反映了米拉日巴将玛尔巴作为其理想化自体客体的可能，米拉日巴投射自身的希望在玛尔巴身上，而后在玛尔巴身上获得实现，最后内化认同为自己的理想部分。至于百鸟的飞来颇有百鸟朝凤的意味，这反映着某种自我雄心所期盼的理想化自体客体需要的满足，也预示着他将来可能和许多人交往，并广泛传授他所

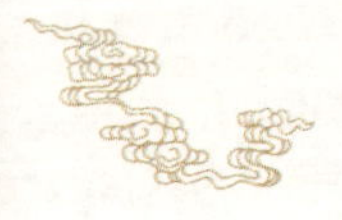

学的佛教知识。

在历史上记载，这个梦第二天就被告知玛尔巴，玛尔巴为此高兴得立即组织了会供轮——宗教聚餐，邀请当时周边的弟子都来参加，并从藏传佛教角度解释了这个梦，在某种意义上确立米拉日巴的继承人地位。米拉日巴在学业完成后离开玛尔巴，在西藏各处雪山云游禅修了12年以完成心灵的修业，之后培养了许多著名的佛教弟子，为随后的藏传佛教达波噶举派的开创和传播建立了坚实的社会基础和师资队伍。下一节我们就来感受米拉日巴最杰出的大弟子冈波巴的鼓号之梦。

二、冈波巴的鼓号之梦

冈波巴大约生活在宋代，他开创了藏传佛教噶举派的寺庙教育传统和出家教团，是噶举派的实际缔造者。在此之前，噶举派的弟子都是以云游者的身份分散在各地进行佛教实践的。

冈波巴在西藏另一个教派——噶丹派出家学修多年后，有一次偶然的机会，他听到一些乞丐所讨论的米拉日巴事迹后感动莫名，生起想要去求学的意愿。于是他在当天晚上按照藏传佛教对于一些重要事件的问梦方式，供养佛法僧三宝并殷重祈祷，夜间就做了这个梦：

冈波巴自己拿起一个长筒之大号，然后吹响这个大号，号声遍及全世界，其声洪大是从来未有过的。接着他又梦见一面大鼓悬挂在虚空中，大师拿起鼓槌击之，发出无比的巨响，许多飞禽走兽都听见了。这时在无数人群当中，有一个梦境中的女孩对他说：“为了这些人们，你现在槌击此鼓，但是为了那些野兽和飞禽，你却应该以此相赠。”说完就以一杯乳汁供奉给他。冈波巴说道：“这一杯乳汁恐怕不够使这样多的走兽飞禽都能得到饱满吧！”那个女孩回答：“你饮下这杯乳汁后，万千的禽兽和六道有情都会得到解脱的。”（冈波巴，1985）

冈波巴（1079—1153）

感受这个梦的时候似乎也能听到冈波巴梦中的鼓号之声。在佛教叙事的符号象征中，巨大的鼓号之声代表着宣教说法的意涵。经常在描述佛陀释迦牟尼说法时有鸣大法鼓的形容，在整个印度和中国西藏文化中，鼓号似乎联系着原始的声音和宇宙的节律，同时它也是摧毁障碍的宣誓，在世界各地的古代战争或仪仗中，鼓号之声都是一种激励自我意志或者宣布自方胜利的信息，它甚至可以引起身体的情绪感动，而这一身体的胜任感可以促进心理的胜任感受。在佛教仪式中，鼓号也是经常出现的工具。冈波巴在这个梦中呈现一种自己已经准备好去胜任的想法或者他已经有了胜任感的基础，这或许也是他作为出家比丘长时间接受佛教理念——“慈悲普度”训练的结果。这好似传达了他要让佛教之声被四周所听闻的雄心，鼓号的肃穆庄严声对激起的人类自体的胜任感是绝佳的工具。

乳汁在印度和中国西藏文化中许多时候被象征为秘密知识和永恒生命的精华，藏传佛教的古今传记经常用将一个瓶中的乳汁倾注入另一个瓶子的比喻来象征师徒间佛教知识的传递，而在印度文化中也有原始瀛海长生乳汁的传说。

冈波巴接受乳汁的梦中出现一个波折了，就是冈波巴觉得这些乳汁无法帮助别人，但遭到那个女孩的反驳说“你饮下这杯乳汁后，万十的禽兽和六道有情都会得到解脱的”，这孕育着另一个无意识的指导，要让别人品饮乳汁要先自己品尝这知识的乳汁，它引申为佛教的一种教导，救渡别人的人先要自己获得救渡。不论古今经常有一些佛教徒热衷于普度众生，许多佛教弟子深受这一情绪的影响，或许因为希望普度众生的愿望过于热烈，以佛法要求别人而从来不先要求自己，实际在佛教早期佛陀就亲自指出这一方式的错误，佛陀教导说，训练别人之前要先训练自己。而冈波巴马上要遇见的老师米拉日巴也教导说，自己如果是瞎子，显然无法在危险的山道上引导另一个瞎子走路。在冈波巴在要遭遇这样一位老师前，他的内心作好了先训练自己的准备。在荣格心理学的视角来看，那个女孩是他的阿尼玛原型，这是一次对冈波巴的动机智慧的矫正。自体心理学也将其看作是对于个体全能自我的适度非创伤性修正——全能自我的现实化，而不至于让个体一直沉浸在全能自我伟大的幻想中。

这个梦之后不久，冈波巴就走上了求学米拉日巴的路途，虽然遭遇路途艰难和疾病的困扰，但他还是找到了米拉日巴，并在米拉日巴指导下完成了佛教的学习和修行，之后前往岗波地方，建立了噶举派的教团和寺庙基地，培养了噶玛巴、帕木竹巴等杰出的弟子，慢慢形成有规模寺庙连锁群的规范学习和修行制度，建立了活佛转世制。随后环境提供了发展机遇，在元代和明代，历世噶玛巴被元、明两朝皇帝所注重，被册封有大宝法王、四宝法王等，噶举派在全西藏获得空前的发展，而噶举派的另一个重要弟子白玛噶布·阿旺朗杰在印度北方甚至建立了不丹王国。

米拉日巴和冈波巴的这两个梦，是通过他们弟子记录下来，编写成文本传记，并以代际的文本和口头的传播方式影响后代，每一代老师都认真地对待这样的古代梦境，作为他们生活的重要指南之一。噶举派的后辈弟子基本都熟悉这些梦的预示，这为他们自己从这些梦中吸收自体胜任感，培养宗教的自尊和归属感提供了活生生的精神资粮，也同时构成整个教派这一社会群体的胜任感受。

三、蒋扬钦哲旺波的学习和变身之梦

蒋扬钦哲旺波是19世纪末藏传佛教著名的学者之一，他是四川德格宗萨寺的主持，所以又经常被称为宗萨仁波切，他本身隶属于藏传佛教萨伽派，但他精通藏传佛教所有教派的知识，特别是一种称之为大圆满的教导，他最大的贡献是在19世纪与噶举派的蒋贡康楚仁波切等发起了一场藏传佛教各教派团结运动——利美运动，打破各教派门户之见，学习彼此所长。这一运

第一世蒋扬钦哲旺波（1820—1892）

动的影响至今在藏传佛教各教派中仍然存在。

蒋扬钦哲旺波由于天分和机遇，很早就开始佛教的学修。在他15岁时，在一次禅定中，他进入一个类似梦境的状态：

蒋扬钦哲旺波来到印度金刚座的9层岩洞内，他逐层而上到达第8层，见到以学者形象打扮的古印度佛教大圆满教导的大师文殊友，在文殊友左右堆满了经卷。于是他向文殊友祈请，文殊友从左边拿起经卷给蒋扬钦哲旺波道：这是般若经，是一切佛法，圆满传教事业。又拿起右边经卷给蒋扬钦哲旺波说：这是密法和大圆满，内容是一切圆满者……这样说了很多嘱咐和预言，随后文殊友变成光线融入蒋扬钦哲旺波身中，这时候蒋扬钦哲旺波看到岩洞门前有熊熊大火炽燃，于是将自己投入火中，自己的肉身被火焰触及，全身立即变成彩虹的身体。这时候他觉得自己就是将大圆满教导传入西藏的佛教大师无垢友。（敦珠宁波车，1985）

在藏传佛教中，有时候这类梦被他们称为净观显现。不过我们从意识的角度来看，还是可以归结为是一种特殊的梦表现。

金刚座也就是印度菩提伽耶佛陀成道处，但佛陀成道处也没有9层岩洞。而这里的岩洞逐级而上，可以连接到印度尼西亚的婆罗浮屠—— 一个佛教密宗的仪式坛城，也可以说是一个曼荼罗——象征着神圣母亲的子宫，它在藏传佛教和印度文化中经常是被作为再生礼转化的场所。所以藏传佛教的灌顶仪式也是在这样真实或者假设布置的坛城中进行的，以模仿神圣生命再生的过程。最后蒋扬钦哲旺波自觉为佛教大师无垢友，无垢友是西藏佛教传说故事中奇迹般的人物，在藏传佛教刚刚开始时，他从克什米尔进入西藏，组织参与了将印地语佛经翻译成藏语的工作，然后也教导了不少藏族弟子，是早期西藏佛教的重要推进者之一，之后传说他前往山西五台山，并在那里将自己的身体转为彩虹身，以长期执行度化众生的任务。这从许多意义上讲，那是蒋扬钦哲旺波内在自我发展的企图心，或者说他期望自己成为无垢友那样的大师，获得那样的彩虹身。这在自体心理学中视为人类全能自体的一种追求，我们试图成为完美的化身。

但这里无垢友并非就是这个故事的结束，实际上之前的大师文殊友也是蒋扬钦哲旺波的自我胜任部分，他的少年雄心显然是希望成为那些古代大师一样的人，这使他觉得自己可以有掌握般若经、密宗、大圆满等各方面的能力，这一自我信念构成他内心愿望。那授予他佛教一切经典的正是他内在所期望的雄心。

在梦中，文殊友最后化光融入蒋扬钦哲旺波的身中，这似乎暗示着自体心理学中所阐述的理想化渴望——自我与一有力量的自体客体融合的期盼。“理想化”在自体心理学中是指自己想要接近与之融合的对象，或者让自己觉得安全、舒适、平静的人的这种需求。在此梦中的文殊友扮演了这一可以融合的自体客体的影像。文殊友的学者形象其实也是后来蒋扬钦哲旺波的实际写照，他在这之后一直到40岁之前，拜访了藏族地区大约150位佛教各教派导师以获得知识的学习，几乎精通藏传佛教所有的学科知识，并能够根据弟子的天性来为之选取适合的方式教学，最后成为当时藏族地区著名的学者和上师。

第三世蒋扬钦哲旺波——宗萨仁波切

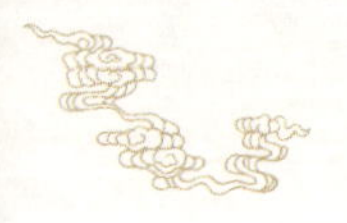

蒋扬钦哲旺波去世后的转世活佛，有著名的教派团结的继承者第二世蒋扬钦哲确吉罗卓、尼泊尔国师顶果钦哲法王等。而晚近的第三世蒋扬钦哲旺波——宗萨仁波切，更是现代化地以电影的方式来传播佛教理念，拍摄了《小活佛》《高山上的世界杯》《旅行者与魔法师》等。我们未必需要将这一系列后来的活动认同为藏传佛教的转世概念，而可以认为，此一梦中所预示和孕育的蒋扬钦哲旺波的自我胜任感，之后通过文本、口头教学、与弟子的行为互动、个性表现等形式发生影响，而被继承到后辈发展和世界的进程之中，这其实本身就是一种转世。

四、曼日堪布的贝壳之梦

这是一个相当现代的梦，发生在1968年。曼日堪布隆度丹贝尼玛目前还在世，是西藏宗教中雍仲本教的精神领袖。他1927年出生于西藏东部，25岁时获得藏传佛教教育体制内的佛学博士学位，之后继续在藏族地区云游、学习和禅修。在20世纪60年代，他受英国伦敦大学的人类学家斯内尔尔格劳夫的邀请前往英格兰，之后又受邀在挪威奥斯陆大学做雍仲本教历史研究和讲学。就在他停留在奥斯陆讲学期间，传来雍仲本教前任曼日堪布逝世的消息。尼

隆度丹贝尼玛仁波切

泊尔等地的雍仲本教寺庙组织举行选举活动，在已经被推选的候选人中，通过占卜推选出对雍仲本教今后发展有利，并能获得各寺庙方丈支持的新曼日堪布。仪式的进行程序是，将候选人的名字分别写在小张条上，然后放进10只同样的仪式球中，再放入一个宝瓶中，进行连续两周祈祷。最后一天到来时，由仪式主持人在瓶中摇出被选者的候选人名字来担任新任曼日堪布以领导雍仲本教。在1968年3月14日晚上，隆度丹贝尼玛仁波切做了这个梦。

隆度丹贝尼玛仁波切梦见自己与另一位候选人同处一座寺庙里，两人手里都握着贝壳，寺庙里正在演奏一种奇妙的宗教音乐，随着这音乐声慢慢刮起了大风。这时候，另一位候选人手里的贝壳被风吹到地上打碎了，而隆度丹贝尼玛仁波且手里的贝壳却很安全，不管出现怎么样可怕的暴风雨都无法动摇。

手是我们日常最方便使用的身体部分，如果它的主人健康的话，那它就是灵活且有力的。不论是日本佛教、还是南太平洋的巴厘岛宗教，在整个亚洲宗教形式中，手是各种象征的表现者，手印经常是宗教礼仪中表现的形式。在世界文化象征中，手经常是活力、权力、统治、无畏的象征，在这个梦里我们所能感受到的是一种把握。把握是胜任感的一个面向，当我们对于事情有了可控制感，我们会有这样已经把握的感受。

把握什么呢？

在这个梦里展现了手把握住了贝壳在暴风雪中都无法被动摇的人类之坚定，个体深信自己将是有所作为且有价值的。梦中另一位候选人的不能把握或许也呈现了一种担忧之情，毕竟这是谁也无法预测的。但梦的作者更多展现的是通过类似比赛的竞争，

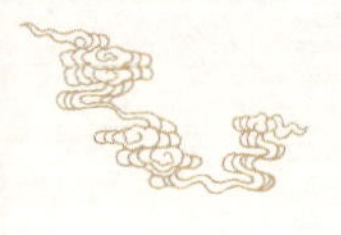

由另一候选人的失败而表现出来的对自我胜任感的期盼。

贝壳经常有性爱、繁殖的含义，不过在这里，似乎不能很好地找到性爱和繁殖的象征，这里的意义似乎更多表现为新生、繁荣和养育。这一繁荣和养育同手的意志力结合在一起，反映着对于雍仲本教教派发展和繁荣的信心——隆度丹贝尼玛仁波切内心的期望。这是一个具有诗意的梦，在大风，甚至暴风雨中，他能把握住发展和繁荣的信心。似乎暗示着，不管遭遇何者，他都将努力于雍仲本教事业的雄心。大风、暴风雨是一种预设的威胁，不过他似乎有信心和心理能力去面对，因此在这里，大风、暴风雨倒是成了他展现自体胜任感能力的协助者。

在藏传宗教意义中，寺庙里的音乐或大风往往被视作教派守护神灵的考验，这似乎已经在隆度丹贝尼玛仁波切内心验证了自己将要成为新一任曼日堪布的合法感。

1968年3月15日，隆度丹贝尼玛仁波切在挪威收到来自亚洲的电报，告诉他整个雍仲本教已经选择他为曼日寺第33代堪布的消息。在这里这个梦似乎也成为预示之梦，展示了荣格所说的同时性。

在隆度丹贝尼玛仁波切当选曼日堪布之后，尼泊尔的雍仲本教新的主寺、学院、孤儿养育院等重新建立，训练了许多具有佛学博士学位的雍仲本教师资，同时中国地区的雍仲本教寺庙也随着逐步恢复。而曼日堪布还进一步在欧洲和美洲推动雍仲本教大圆满教导的传播和教学。

五、总结

藏传佛教是一种十分重视梦的文化形式，至晚在公元5世纪，西藏雍仲本教徒就开始对梦及其现实生活关系作各种联结和探索，并撰写了许多著作来指导梦的预测、解释、化解；公元9世纪—11世纪，印度晚期佛教发生了密宗运动，这一运动所推动形成的成熟的梦瑜伽技术和解梦文化等也随着佛教传入了西藏地区（罗伯尔·萨耶，2000），极大丰富了西藏地区的梦之工作体系，并直接进入西藏人的现实生活中。梦构成他们现实生活的实际部分，而并非如当代城市人对于梦的忽视。由梦境所延伸出的各种工作和观念在藏传佛教中，扮演着指导受到藏传佛教文化影响人群的具体生活、行动、宗教活动等的重要角色。这可在以上4个梦的讨论中感受出来。

同时我们也能从以上4个梦的自体心理学视角中发现，自我胜任感和雄心可能是我们人类担负行动和事业的动力所在。每个人有可以一种能为社会作出深刻贡献的潜在力量，这些贡献可以包括宗教、艺术、商业等方面。当它被善加对待时，希特勒那样的恶魔就未必会出现。正如著名的自体心理学家Marjorite Taggart White和Marcella Bakur Weiner在其著作《自体心理学的理论与实务》中所说的，“最重要的是，人类可以拥有正向的、追根究底的、有创造力的、能量充沛的力量，对我们所有的人来说，这一潜力是自然拥有的。”只要我们能真正去关注和承认每个人的这种天赋力量。

参考文献

1. 怀特、韦纳著，林明雄、林秀慧译：《自体心理学的理论与实务》，心理出版社2002年版，第1页。
2. 克莱尔著，苏晓波、贾晓明译：《现代精神分析“圣经”：客体关系与自体心理学》,中国轻工业出版社2002年版,第190页。

3. 巴史克著,易之新译:《心理治疗入门》,台北张老师文化事业股份有限公司2000年版,第71页。
4. 密勒日巴著,张澄基译:《密勒日巴大师全集》,上海佛学书局1999年版,第135—137页。
5. 让·谢瓦利埃、阿兰·海尔布兰特著,《世界文化象征辞典》编写组译:《世界文化象征辞典》,湖南文艺出版社1994年版,第349、827、1184页。
6. 冈波巴著,张澄基译:《冈波巴大师全集选译》,台北法尔出版社1985年版。
7. 敦珠宁波车编撰,刘锐之译:《西藏宁玛法源历史赞颂》,台北密乘出版社1985年版,第293页。
8. 罗伯尔·萨耶著,耿昇译:《印度—西藏的佛教密宗》,中国藏学出版社2000年版,第84、85、280页。
9. 图齐·海西希著,耿昇译:《西藏和蒙古的宗教》,天津古籍出版社1989年版,第252页。

第六章 亚洲佛学文化背景下的阿阇世王情结

俄狄浦斯情结在精神分析对人类心理关系的假设中居于核心位置，它涉及一种基础的人际关系。为了能进一步地为佛学与心理学之间的对话打好基础，我开始搜索和阅读精神分析文献中对俄狄浦斯情结的讨论文献。2005年、2006年，在阅读中，我注意到精神分析学派中日本学者古泽平作（Heisaku Kosawa）等已经将精神分析中的俄狄浦斯情结与亚洲佛学传说中阿阇世王的故事相联系，提出佛学背景下的具有亚洲特点的人际关系的阿阇世王情结。于是我沿着日本学者的路径，继续往前探索。从佛学的角度尝试阐述人类个体共情能力的发展。

同时，本章延续《藏传佛教历史上四个梦的精神分析解读》的思考，渐渐有整合的雏形思想。从这篇论文开始，我不仅仅只停留在双元对立的对话，而开始对佛学与心理治疗的某些可能的方面进行整合。后来这个部分的内容被我创作入施琪嘉教授主编的《中国心理治疗对话：精神分析在中国》（第二辑）中《俄狄浦斯情结概论》一文中。所以本章的内容是摘自其中相关佛学与心理治疗整合的部分，同时我也对这部分摘录进行了重新整理编辑。

俄狄浦斯和斯芬克斯

俄狄浦斯情结，是儿童（或成人）对于养育双亲的爱与恨欲望的心理组织整体，它的外在表现形式呈现为三角人际关系结构，即个体自身、所爱的客体对象、执法者（禁忌的制度）三者，伴随爱与恨以及恐惧等冲突矛盾的情绪。它存在的外在条件是人类的两性差异和乱伦禁忌。（尚·拉普朗虚、尚-柏腾·彭大历斯，2000）中文语境有时也有说成“恋母情结”和“恋父情结”，虽然这不够精确。1910年，弗洛伊德在对精神分析所作的五次演讲中，首次将俄狄浦斯情结作为“神经症的核心情结”提出。之后的精神分析传统，一直将俄狄浦斯情结作为人格发展的核心之一来看待。

但俄狄浦斯情结在亚洲是否具有同样的心理基础，或者即使欧洲和亚洲具有类似的心理基础，他们是否可能有不同的地方呢？对于这一问题亚洲文化背景下的精神分析家有所思考，日本的精神分析学家古泽平作（1954）提出，在亚洲文化中占有优势的可能是阿阇世王情结，他尝试应用流传在东方的古代佛教传说，来理解和解释相应于西方社会的俄狄浦斯情结。之后，小此木启吾（1978）、河合隼雄（2004）对此也作了讨论。但这在西方人占有主导地位的精神分析界，很少被注意。

一、对应于俄狄浦斯情结的阿阇世王情结

从1910年弗洛伊德在著作中正式提出俄狄浦斯情结开始，西方的精神分析界对此展开了热烈讨论。这一影响也波及东方的日本，日本精神分析学的先驱古泽平作在研究俄狄浦斯情结时，也从南亚和东亚文化中搜寻对应于俄狄浦斯情结的具有东方文化特点的原型，这使他提出了阿阇世王情结，并著论文《两种负罪意识》（Two Kinds of Guilty Conscience，古泽平作，1954）。这篇论文的德文译稿曾在1932年邮寄给身在奥地利维也纳的弗洛伊德——古泽平作曾经接受弗洛伊德的精神分析训练，是日本精神分析的先驱者——不过弗洛伊德并未对此作出回应。之后古泽平作的弟子小此木启吾(Keigo Okonogi)，以及日本的荣格派学者河合隼雄（Hayao Kawai）对此也作了讨论。

对应于俄狄浦斯情结的阿阇世王情结

河合隼雄（1928—2007）

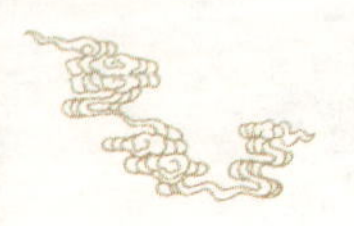

《阿阇世王》最早文献来源是古印度的佛教文本，它的原始形式十分简单，表面上是关于权力争夺的故事。在正式展开讨论前，我先介绍这一文本。故事描述的是公元前500年印度的一段宫廷事件，阿阇世王子受到佛陀敌手提婆达多的挑拨，被误导使其相信若杀害父亲瓶沙王（古代中文译法的“频婆娑罗王”），就可成为强有力的统治者，阿阇世王因此迫害父亲至死。若干时间后，阿阇世王在佛陀处领悟父亲之爱，忏悔前非成为佛弟子，并成为佛陀逝世后佛教第一次经典集结时的慷慨赞助人。经典叙述他也因此付出代价，他因为杀父重罪而自责，虽然忏悔不过终是无法今生获证佛教圣果。这是印度版本的故事，但这个故事在不同地域传承过程中情节被丰富了。

古泽平作围绕被发展丰富后的某个故事文本进行了相应于俄狄浦斯情结的解说和讨论。

阿阇世王的母亲韦提希夫人年老色衰，生怕被丈夫频婆娑罗王抛弃，很想生一个王子。一位婆罗门预言家告诉她：“城市旁的山上有一个仙人三年后会去世，然后会投胎到夫人的肚子里。”夫人因怕失去丈夫的疼爱，迫不及待跑上山去把仙人杀死了，这位仙人被杀死时很怨恨韦提希夫人。不久韦提希怀孕，但她害怕去世仙人的诅咒，考虑是否堕胎，可惜一直不能如愿。

很多年后，阿阇世王子长大成人。不料，提婆达多因为自己邪恶的目的将这段前世的秘密透露给年轻气盛的阿阇世王子。本来，阿阇世一直很崇敬和美化自己的母亲，听了提婆达多的告密之后，对母亲的敬爱幻灭，反而起了杀意，想先杀死父亲，后杀害母亲。

阿阇世王篡位软禁了频婆娑罗王，频婆娑罗王被饿死监狱中。当时阿阇世王还企图杀母，但宰相出来阻止了他。阿阇世王后来由于罪恶感发作，身上长出大恶疮来，最后佛陀使其忏悔，并挽救了他。

之后小此木启吾(1978)在评论中,补充解释说不是佛陀救了阿阇世王,而是阿阇世王的母亲救了他。当时阿阇世王的恶疮臭气冲天,谁也不敢靠近,只有韦提希夫人爱子心切,不顾一切前来服侍他。这样却只有加深阿阇世王的忏悔心。母亲宽恕这个企图杀害自己的阿阇世王,阿阇世王也宽恕了母亲。最后,母子恢复亲情,过着真正的人间生活。

古泽平作认为,在阿阇世王的生命里,隐喻的是母子之间的根本矛盾,俄狄浦斯的罪恶感来自弑父娶母,而阿阇世王情结却来自"父母的自我牺牲精神",正是这一父母的牺牲精神最后使阿阇世王感到了罪恶。在阿阇世王的诞生里,隐蔽着母亲只为自己不顾他人死活的自私,后来母亲又以全部爱心服侍满身恶疮、臭气难闻的阿阇世王。一种观点认为阿阇世王之所以想杀害父母,为的是要有真正的父母,而母亲愿意伺候儿子,为的是要做一个真正的母亲。

在这个故事中,呈现的基本也是亲子+母亲+父亲的三角关系结构,若从这一结构来看,似乎与俄狄浦斯情结所隐喻的差异不大。其中最大的差异在于这一三角关系结构所表现的不同。母亲为了成全自私而对儿子有吞噬性的控制,不过这一故事的最后,母亲通过克服自私,并无私地努力付出,终于使关系得到修复。但这一修复却又是儿童罪恶感的源头。如果仔细分析,我们会发现这一解释方法倒是很类似克莱因的观点,儿童认识到被自己攻击的坏乳房实际就是那个好乳房时,罪恶感就开始产生。

河合隼雄(1996)后来又回顾了以上的论文,并对阿阇世王情结发表了自己的补充评论,他以为俄狄浦斯情结实际是对父母—儿童的上下关系的破坏,代之以男—女关系模型出现的水平母—

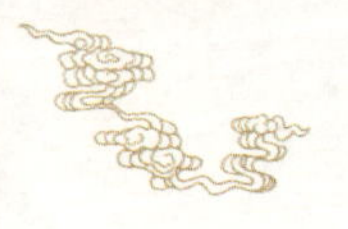

子关系，这是罪恶的来源。但在阿阇世王情结模型中，父母—孩子关系被保留下来，而母—子关系成为问题的焦点。河合隼雄作为荣格派学者又进一步引申，俄狄浦斯情结背后隐藏着一位严厉惩罚的父神原型，而阿阇世王情结背后则隐藏着一位饶恕一切罪恶的大母神，而将个人的情结提升到一个集体无意识的原型水平来理解。

古泽平作等日本学者进行的工作是有巨大价值的，可惜由于早期精神分析主要在西方知识界内部进行，所以没有将这些洞察纳入讨论是十分遗憾的。因为这对于俄狄浦斯情结解释是一种异文化的广度和深度的丰富。

二、共情能力的成熟：阿阇世王情结

"阿阇世王"原型在各个区域和时期被丰富，这些丰富过程包含了不同社会对此投射的人性理解。在众多"阿阇世王"（支娄迦谶，公元2世纪；达摩难陀法师，1986）文本中，有必要再提及一个有价值的文本。这是一个相当具有戏剧特点的文本，在瓶沙王被篡位前的故事基本类似其他文本故事，但在最后有所不同。当瓶沙王将要在监狱里饿死时，阿阇世王自己的儿子正好出生，当他抱起自己的儿子时突然感受到父亲瓶沙王曾经对自己的父爱，于是立即命令释放父亲，但父亲这时正好在监狱里死去。阿阇世王于是产生了悲痛和罪恶感，进而到佛陀处忏悔前非。

这一文本虽然戏剧化，但却真正深刻地反映家庭情感成熟方式的原型——共情能力的成熟。它将父母—孩子的上下关系转变为父母—孩子的水平关系，展现出一种人类共情能力的成熟，代际的禁忌由这一共情的领悟而获得家族传递。阿阇世王产生的悲痛和罪恶感，来自他能够真正共情于父亲瓶沙王对自己的父爱，这导致他罪恶感的产生，同时又悲痛于将要丧失父爱。这是在对自身父母的丧失中重新体验到的新生之情，即一种共情能力到达了可以成为父母的成熟的心理阶段，一个有罪恶感但不过度的人才是真正健康的人。类似心理过程在中国社会的日常生活中经常会听到——即“为父母者方感知父母之心”。

共情能力的水平不但需要在孩子心里单方面的生起，更重要的是在父—母—孩子的互动关系中，在每个人内心成熟起来。父亲—孩子的关系、母亲—孩子的关系、丈夫—妻子的关系，在三种关系的互动中，共情模型都十分重要，因此我们可以把共情能力的意义作为这一“阿阇世王”文本的核心叙事。

以丈夫—妻子的关系互动为例，如阿阇世王的母亲韦提希夫人年老色衰，生怕被丈夫频婆娑罗王抛弃，很想生一个王子——这其中存在丈夫对于妻子的不共情所导致的妻子的恐惧。而这一恐惧的压抑被投射到阿阇世王的前世——仙人身上，这又构成了母亲—孩子互动的不共情，因为在孩子身上充满了母亲的自恋，而非对孩子的爱。而这一自恋最终导致的后果就是怨恨。正如古印度摩揭陀语“阿阇世”所显示的意义：“未生怨”。而彼此对于对方的共情导致关系的修复，虽然在故事中来得有些晚，但毕竟构成了一个重生的图景。关系的修复伴随着自己领悟之前对于客体对象所投射的“恶”——许多是来自自己的“恶”，而最终认识到被投射“恶”的客体对象其实是爱自己的，修复就到来，父母的自我牺牲带来个体内疚和罪恶感的领悟。阿阇世王终于能够领悟瓶沙王的父爱，宽恕了父母，但实际上是宽恕了他自己为怨恨而战斗的心，虽然这一共情有其内疚和罪恶感的代价，但显然那是人类文明社会的禁忌所需要的基本道德元素。这一视角在本质上符合科

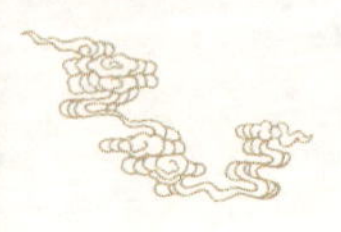

胡特共情的理论和发展心理学的心理理论，也同时呼应了克莱因（2005）的观点，“婴儿愈来愈感受到爱之客体在自我之外。那个好乳房与那个坏乳房可能同属一个乳房……这一阶段的感受就开始十分复杂和矛盾了，并感受抑郁焦虑。因为婴儿先前对乳房的毁灭性攻击的记忆，和对于好乳房的爱恋感受间产生了冲突，这使婴儿终于感受到罪恶、内疚、绝望等，而意欲要对先前所攻击的乳房客体做出修补。”所以在克莱因的观点里，我们也可以看见共情作为心理渐趋成熟因子的潜在方式。

无论是俄狄浦斯情结还是阿阇世王情结，这两个文化原型都反映着人类内心深刻的关系，不管是来自欧美的意见还是亚洲的意见，肯定方和反对方的意见，都可以由精神分析家和心理学家继续去展开，而并非只是停留在当前的简单的文字论述而不再深入。

参考文献

1. 尚·拉普朗虚、尚-柏腾·彭大历斯著，沈志中、王文基译：《精神分析辞汇》，台北行人出版社2000年版，第86—90页。
2. 古泽平作：Two Kind of Guilty Conscience//《精神分析研究》（第一卷），1954年版，第5—9页。
3. 小此木启吾：Object Relationship of the Ajase Complex//《永驻人间》，京都中央公论社1978年版，第194—258页。
4. 河合隼雄著，郑福明、王求是译：《佛教与心理治疗艺术》，台北心灵工坊文化事业股份有限公司2004年版，第84—88页。
5.《阿阇世王经》（二卷）；支娄迦谶译，公元2世纪。
6. 达摩难陀法师：《法句经故事集》，台北嘉义佛教青年会流通，1986年。
7. 梅兰妮·克莱因著，吕煦宗、刘慧卿译：《嫉羡和感恩》，台北心灵工坊文化事业股份有限公司2005年版。

第七章 | 死本能与无常：精神分析的超越性

当我阅读精神分析自体心理学创始人科胡特1966年的《自恋的变形》时，发现他提及的人类自恋发展成熟的五种特点，让我有一种似乎接触到了某些佛学解脱之味的感觉。这种感觉十分强烈，使我极为专注和留心阅读这方面的内容。2008年，和我从小一起长大的表弟患癌症过世，他在逝世前多次在病床上和我交流生命的此时此刻的体验，这使得我近距离地体验到生命需要经历的历程，也从佛学与心理治疗两个方面来思考生命的意义。同时这也涉及了弗洛伊德的生本能和死本能、科胡特的自恋、佛学的无常和放下，以及中国文化中如何应对死亡的话题与临终关怀等重大的主题。在我表弟去世后，我倒并不悲伤，但偶尔的，他的影像会在头脑里浮现出来，接纳这些影像成为我内部处理哀悼的过程，直到一段时间后这些影像逐渐消失。2008年底，我就之前对科胡特论文的思考，以及在2008年的这些体验和思考，在第二届中国精神分析大会作了相关主题的演讲。本章尝试从多个维度讨论对生命本质的探索，特别是用佛学与精神分析的方式去坦然理解生命。

科胡特1966年在《自恋的变形》中阐述道，成熟的人所表现的成熟自恋具有五种特点，即：幽默、创造力、共情、无常、智慧。

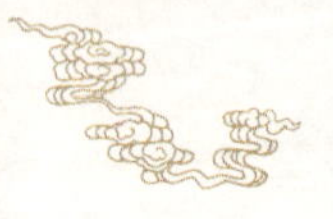

其中幽默、创造力、共情已经在他此后的文献中被讨论，但无常、智慧两项，之后却鲜有提及（西耶哥，2005）。在自体心理学之后30年的发展中，这个主题也甚少涉及。而科胡特所提及的这两项特征，可以看作是对弗洛伊德晚年所论述的死本能概念的一种临床上的发展，并且与东方佛学哲学的无常概念遥相呼应。本文试图拓宽自体心理学以及其他精神分析流派对自恋和死本能的理解疆域，结合佛学哲学对人性的思考，佐证相关案例，以使目前在无意识中可能实践或者已经实践的精神分析方式显现为意识化的状态。

一、基本概念：死本能和无常

1920年，弗洛伊德发表了《超越快乐原则》一文，在论文中弗洛伊德补充了他的本能理论，提出与性本能相对应的死本能这一概念，他说道，“一切生命的目标就是死亡……无生物在有生物之前存在”（弗洛伊德，1998）。在《精神分析辞汇》中则这样描述死本能，“在弗洛伊德最后欲力理论的框架下，用来指陈与生命欲力对立的一个根本范畴的欲力；这些欲力具有将紧张彻底减低的倾向，换言之，将生物带到无生命的状态”（尚·拉普朗虚、尚-柏腾·彭大历斯，2000）。在这样的理论下，人类乃至所有生物的死本能与性本能形成一个对立面，前者趋向死亡，后者趋向于保存生命。由本能发出的兴奋与被束缚的神经过程不相符合，而与努力寻求释放的自由活动的神经过程相符合。弗洛伊德的晚期理论就演变为生与死冲突的生命史诗式的理论。因这一自我矛盾而冲突的生命方式形成生命的强迫性重复，由此移情式的反应使我们的生活陷落在一种封闭和局限的生活场景中，而适应功能因此受到局限。

弗洛伊德的这一理论有自己临床心理治疗的经验，也有来自自己生命的体验，但其思想根源却与哲学家叔本华的思想相关。在叔本华看来，“死亡是生命的真正结果，因此，也是生命的目标，性本能则是希望生存的化身。”叔本华的部分思想基础来自东方佛学哲学，虽然叔本华对于佛学哲学研究的精确性在我们这个时代看来，还是值得斟酌的，但他至少发现佛学对于生命无常的真知灼见。

叔本华（1788—1860）

“无常”是佛学中一个重要的概念。佛学经典《清净道论》（觉音，1995）将其定义为“生灭变易或有已还无”，即“世间一切事物，生灭迁流，刹那不住。”佛陀在《无我经》（南传大藏经，1998）中提出，身心由因缘条件的编织而构成，所以存在无常变化、被逼迫、无法绝对主宰的特点。在佛学哲学看来，整个生命的过程，乃至宇宙的过程都是无常变迁的。（宗萨蒋扬钦哲，2007）

所以，我们横向比对这东西方的两大哲学系统以及相关的体验系统，会发现死本能与无常虽然有哲学精细层面和描述重点上的差异，但在大部分意义上是具有高度相似性的。

二、范式的发展：自恋与死本能

科胡特对精神分析的范式发展众所周知，他的最大贡献在于重新发展了精神分析中自恋这一概念，从共情的角度重新诠释和扩展了精神分析对人性的关注。

科胡特修正了弗洛伊德的自恋理论，提出自恋的发展并没有随着儿童二元客体关系与俄狄浦斯情结三元关系的发展而消失，自恋作为人类力比多的根本属性，这一属性超越了客体爱与客体恨的范畴，自恋的发展是终生的，每一个人都注定需要世界对他个体自我价值的终生关注，这种关注作为自体客体协助个体自我价值感的建立。因此自体和自恋成为自体心理学工作关注的核心。

同时，科胡特也在此治疗框架中提及了个体的自体遭遇自体客体关系失败时，自体崩解的情况，自体的自恋在遭受损伤后所表现的暴怒，这一情况被视作个体为了维护自体的统整感所做的挣扎和努力。

那么，这一暴怒、挣扎所抵抗的崩解到底意味着什么呢？这是否存在某种更本质的规律呢？

在这里，我试图表达这样的观点，这一暴怒、挣扎所抵抗的崩解即是自体的某种死亡，而这一死亡象征的更多的是一种精神性的自体死亡、主体的不再存在。暴怒乃至挣扎等，正是自体面对死亡——即使这一死亡只是暂时的抗拒（科胡特，2002）。同时，死亡也意味着自恋的无法实现和自体的毁灭感。虽然科胡特在著作中曾试图区分崩解焦虑与遭死本能袭击是不同的，但我觉得其实很难真正将这两点分开。

那这和弗洛伊德的理论有什么不同呢？

很小的差别导致巨大的差异，《超越快乐原则》讨论了自恋与死本能的相关性，几乎已经到了我们目前要讨论的程度，但由于弗洛伊德没有发现自恋在童年期之后的发展，乃至终生的发展，所以他的论述在童年之后是倾向于客体爱与客体恨的，因此他的死本能理论有含混和矛盾的地方。

如果把科胡特所发展的自恋理论作为起点，生与死即成为自体

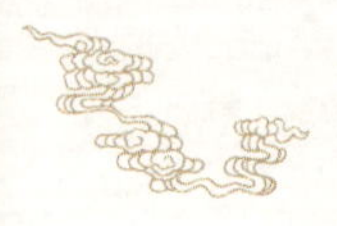

或者主体的本质属性。生物性自恋的自我保存机制以顽固的偏执性和强迫性重复来对抗自身被自然毁灭而死亡的实相，或者说自体的生本能以强迫性重复来对抗自体所孕育更深刻的死本能的自然规律，以期在生命过程中获得其延续的永生不死——一种无与伦比的自恋感，属于永恒神灵般的属性。以当代自体心理学为基础的自恋理论与死本能理念，十分清晰地表达了生命的实相。那些因为创伤而悲伤的灵魂，在自体遭受严重创伤后自发地努力维护过去创伤的自体，则其当下的适应性功能却一再因此连接过去的创伤而严重受挫。自体的维护是首要的，而自体——自体客体的同理关系，或者直接说同理关系只是为自体的存活而服务的，而不是自体是为这一关系的存活而服务的，同理关系的破裂隐喻着一种自体的死亡，而自体被同理的瞬间，自体仿佛就有了生命。自体抗拒那种令自己死亡的关系。

正如在佛学的《杂阿含经》中，佛陀指出人类对于生命不实际的预期，导致了生命的痛苦。所谓不实际的预期，即人类通常以世界和生命是有常且不变化的错觉，来曲解世界和生命是无常变化的这一实相规律，由此生起种种忧愁悲泣。但生命对自我执着的不放弃又继续使生命迷茫地执着于重复的轮回——一种强迫性重复的完美隐喻。

三、恰好挫折的修复和解脱

科胡特相信人类最大的心理成就是能够接受人必有死亡的自然规律，因为这种心理成就显现了个人牺牲对自我全能感的坚持，并接受自己的有限性。科胡特将此成就的心理品质称为无常、智慧——即对于无常的认识，对于生命的了然。

那么，怎样到达这样的生命成就呢？

科胡特引入了恰好的挫折和修复的理念。所谓恰好的挫折即那些非创伤性的限制和挫折，这些挫折经由在精神分析退行过程中的过去创伤点被激活，自恋的创伤点重新活化而产生自恋性转移关系。这时候分析师能够开放自己去理解这种背景及自恋的创伤，来访者的自恋则得以修复，并且经由修复而矫正或修正自己的自恋力比多，从而解脱表现为强迫性重复的自恋需求。

由于科胡特在理论转型过渡期表现出的温和性或者说不彻底性，因此经常引起人们以为自体心理学是关系缺陷论的误解，自体客体关系断裂与修复的这一描述作为自体心理学的核心技术存在于当代经典自体心理学中。但这种描述十分容易让人产生对自体心理学的误解，即自体心理学是对于关系的工作，实际上，自体心理学虽然运用了关系，但其实是对于主体的工作。

当我们能够将死本能重新引导到自恋本能的讨论框架中，自体心理学的本质就得以真正展现。自体心理学的本质，是自恋本能对抗死本能而起的冲突与和解的过程。恰好的挫折所激发的不是过去的创伤，首先不是关系的失败而是自恋充满的自体所具有的崩解死亡本能的发生，而自恋本能则拼命抵制死本能这一自然

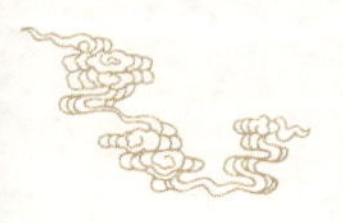

属性，正如受创的自恋的暴怒所表现的焦虑和攻击，当挣扎无效时则表现为抑郁，但自恋本能还是不愿接受死本能的自然规律性。而科胡特的工作则提供了来访者矫正自体自恋的工作方式，科胡特曾称他发展的工作为情感的矫正经验。所谓的情感矫正经验是对自恋的矫正，也就是对死本能的理解和接受。一个人能够用勇气牺牲对自我全能感的坚持，接受了生命的无常实相——即解脱表现为强迫性重复的对于死本能这一自然本能的挣扎——自恋与死亡则达成了最大程度的辩证性和解，形成了有与无的统一。

佛学的解脱所基于的内观禅修这样解释，人类能够体验和发现对生命不实际的预期，是导致生命痛苦的因。从事调整自己视角的体验，将发现世界和身心无常变化的这一自然规律，人类则会渐趋于获得解脱的释放与精神自由的达成。而对“我执”顽固不放，继续使生命重复的轮回——强迫性重复——将彻底解除。

四、绝对论与中道哲学

史托楼罗

自体心理学重要的盟友——主体间学派创始人史托楼罗（Stolorow）在自传式的创伤治疗的精神分析论文《创伤的现象学和日常生活的绝对论：一次亲身旅程》（史托楼罗，1999）中，将精神分析引导到更深刻的生命哲学探讨中。提出个体创伤后的隔离等现象源自起初生命对绝对论的坚持。所谓绝对论，就是确信和预期这个世界是不变化的，或者至少是有序的和可以控制的，是相当安全的。对于这种“迷信”的观点，史托楼罗说，“一种天真现实主义和乐观主义的基础……对日常生活绝对论的大量解构把不可避免的偶然存在暴露在随意而无法预知的宇宙中，且其中存在的安全感和连续性不可能得到保证。”

细观这种绝对论，实际就是佛学所批评的“常见”，即认为所有存在的事物都将永远存在而不变化。在另一端，往往在这种绝对论坚持者遭遇创伤或者失败时，就表现为极端的否定世界的存在、人情的意义，将自己隔离于这个世界的体验之外，而成为悲观主义和虚无主义者，这则与佛学所批评的“断见”如出一辙。佛学认为正是常见和断见导致了人们对于事物和生命的错误认知，因此导致了生命的痛苦与烦恼，这种阐述具有明显的心理学特点。而在当代临床心理现象上连接常见和断见，我们也一样发现许多来访者的痛苦来自执着于常见或者断见之中而无法自拔，使自己陷落在身心的冲突和抗拒之中而痛苦。

佛陀在佛学禅修中介绍了对事物的第三种理解和适应性态度——中道哲学，即所有事物都是存在的，但所有存在都是无常的。佛陀称如果能够如此接受并体验存在及其无常，那么忧愁悲泣将被治疗，轮回——强迫性重复——将被终止。叔本华在阅读这些东方文献后阐述说，“如果能够善用机会的话，死亡实是意志的一大转机……死亡就是意志挣脱原有的勒绊和重获自由的机会……死亡是从偏下的个体性解脱出来的瞬间，而使真正根源性的自由得以再度显现……看破此中玄机的人，便可欣然、自发地迎接死亡”（叔本华，1996）。这一哲学观点显然有助于提供精神分析乃至心理治疗健康和清晰的哲学基础。

中道哲学实际上是提供了一种如其实际的辩证态度，它基于事物本身的状态。我们若能够如其实际地预期事物，也就能够适

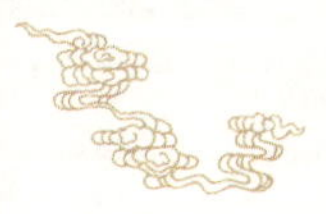

应性地接受所发生的状况。佛学内观禅修经历的就是这样的过程体验和领悟。在深度精神分析的整个过程或者精神分析的某些深度片段分析中，也蕴含着类似真理性领悟的可能性。

同时这里也澄清了一点，对死本能的接受并不是悲观主义和虚无主义，而是一种对于事物和生命的如实态度，也就是"平常心"（惠能，2005）。

五、案例：修复、死亡的普遍性

案例（一）：H小姐，27岁，焦虑症，社会交往受到严重影响，治疗已经历时一年。第40次咨询进行得很顺利，咨客提及自己的工作很稳定，而且有升职的可能。咨询师给予赞许，咨客也觉得很高兴。当该次咨询要结束的时候，由于咨询师之前听咨客说起之后单位要去旅行度假，所以咨询师在咨询结束时询问咨客："我听说你要去旅行，那么我们下次咨询的时间是否需要重新安排？"

咨客停顿了一会儿，说："等旅行回来再说。"

第41次咨询，咨客开始就对咨询师很愤怒，一直表达对咨询师咨询技术的不满，对所有中国的心理咨询师都不满。当这样的风暴袭来时，咨询师意识到可能存在某些内容没有被注意到。于是，咨询师表达了愿意倾听咨客的愤怒，也同时愿意理解咨客的愤怒，包括咨询师是否可能有做得不好的地方，同时更愿意听听咨客是什么时候感受到愤怒的。

这时，咨客说起第40次咨询结束时的一个幻想。咨客感觉到当咨询师询问咨客"那么我们下次咨询的时间是否需要重新安排？"时咨客突然感受到一种被抛弃感，觉得自己将不再被关注，因此很愤怒。

咨询师:“谢谢你能告诉我那个幻想。所以当我问你旅行后的咨询时间怎么安排时,你感觉到好像我准备放弃你。对这点,我没有意识到,我先说声抱歉。同时,我想你或许希望被认真关注,并且能够信任这段关系,而不是像童年时被送往亲戚家居住一样。”

咨客:“我想是的。现在想来,我自己也觉得那时候有点莫名其妙。”

咨客与咨询师的工作又继续深入下去了。

在这样的互动过程中,咨询师之前的问话所引致的反应,即是科胡特所说的恰好的挫折。咨询师之后的反应即成功修复了与咨客之间的联结。但更重要的是,咨客在之前的问话所引起的歧义中,感受到的首先是一种自尊而不是关系,是自己的需要被重视和认真对待。这个过程正如自体的死与生的转化过程。当咨客理解了过程后,咨客有机会修正她在人际中对于自尊过于敏感的困扰,在中道的辩证道路上又前进了一步。

案例(二):Z先生,32岁,晚期肝癌,癌细胞已扩散全身,生命处于危机状态。所以本个案是咨询师在癌症危重病房进行的临终关怀工作。Z先生在癌症确诊之初,就有对佛学内观禅、大圆满禅修的兴趣,而且有一定的练习。所以咨询师考虑了这样的具体情况,从佛学角度契入临终关怀的工作。在第二次访谈的过程中,Z先生说道,“这次我估计时间不长了,别的没有什么,只是希望死亡的痛苦能够快速一些。虽然好像能够理解现在的过程。这身体就是无常变化的。”

咨询师:“这身体的确是无常。”

Z先生:“现在身体衰落得很厉害,原来人的衰落是这样快速的。现在想到生命的状态大部分能够理解,只稍稍有一些挂碍。”

咨询师:“嗯!我和你,还有每个人都会经历这一天的。连佛

陀、舍利弗等古来者，到现在如夏扎哇一样的大师，他们实际也经历了这个无常，和我们每个人一样……”

第5次访谈，之前癌症扩散更加猛烈，Z先生的颅骨、肋骨、骨盆都已经出现了明显肿块，同时肝区肿大压迫胆管发生黄疸，已经几天无法进食。

Z先生：“现在我觉得有了解了，除了禅修对我有帮助，我觉得第二次谈起的佛陀、舍利弗等也经历了死亡，对我很有帮助，是这样的，都放下了。虽然现在有时候会有些情绪，不过生命和情绪就是这样的起伏波浪，但这些波浪都是水而已。”

咨询师：“有这样的觉悟很好，现在放心了。”

Z先生笑着说了个黑色幽默：“现在这样，我这个身体和香蕉一样熟透了，每天都在发黑。真希望死亡就能够来了，这样我和照顾我的人就不用承受太多其他。”

咨询师：“这个香蕉的比喻很有趣。”

Z先生微笑说：“如果有人需要，可以告诉他们这只香蕉。我觉得这样早来的病对我帮助很大，对于人生有加速器的作用。”（以香蕉比喻生命。）

之后一周，Z先生在病房中去世，很安详。

病房医生之后回忆说，就以往病人临终经验来说，这样年轻的病人能够如此坦然平静地面对死亡，在临床工作中实在罕见。

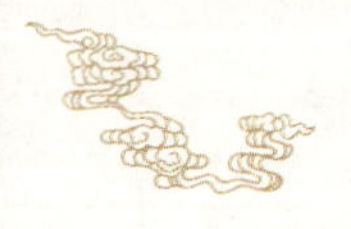

在本案中，与Z先生的工作，进入了科胡特所称的密友转移的工作区域和荣格所称的原型层面——所有人类的普遍意义之一——死亡，完成了对于死亡终极意义的领悟和度过，一个终极的辩证觉醒。同时，这样的工作需要咨询师本身对死亡有深刻的理解。

六、结语

在精神分析自体心理学框架中引入死本能的讨论，有助于补充和发展弗洛伊德和科胡特的工作，使精神分析自体心理学的工作更趋近其本质的部分，即自恋本能盲目对抗死本能导致了强迫性重复的发生。这样的理论建构也有助于协助来访者重新发现与自我的和解之道。同时，这一讨论还原了自体心理学基于冲突论的本质立场，而非往往被误解的关系缺陷论的立场。

精神分析与哲学从开始就是交织在一起的，但有时候又被过于重视临床的倾向误导到相对主义的陷阱中去。中国佛学哲学对中国文化乃至亚洲文化有着深远的影响，近年来甚至已经影响了西方学术界。而存在主义哲学则是接近东方佛学的一种生命哲学，所以将佛学和存在主义哲学的意义，充分整合到精神分析的理论和实践之中，可以为精神分析及相关学科提供更加坚实的哲学基础。

在“未知生，焉知死”（孔丘，2006）影响的中国社会文化中，对于死亡的思考和讨论往往是忌讳的。但这样的忌讳并不能使我们真正去面对死亡，或者面对各种现代性所带来的不稳定性和多元性，因此也就无法有效地帮助我们理解当下的生活。而引入无常性的讨论可以协助当代人重新评审自己的生命的生与死的意义。

这些思考的方向更具体的还可以包括临床创伤心理治疗的方法论和多样性方法的探讨、对于危重病人的临终关怀、中国文化对于生命意义的当代建构等。

参考文献

1. 西耶哥著，叶宇记译：《汉斯·柯赫与自体心理学》，台北心理出版社2005年版，第79页。
2. 弗洛伊德著，车文博等译：《弗洛伊德文集》(第四卷)，《超越快乐原则》，长春出版社1998年版，第29、39—42页。
3. 尚·拉普朗虚、尚-柏腾·彭大历斯著，沈志中、王文基译：《精神分析辞汇》，台北行人出版社2000年版，第400页。
4. 觉音著，叶均译：《清净道论》，中国佛学文化研究所1995年版，第552页。
5. 《南传大藏经：大品》，第13页。
6. 《南传大藏经：相应部 第三品》，第66页。
7. 《杂阿含经：蕴相应》，《大正藏》。
8. 宗萨蒋扬钦哲著，姚仁喜译：《正见》，中国友谊出版公司2007年版。
9. 科胡特著，许豪冲译：《自体的重建》，台北心理出版社2002年版。
10. 科胡特著，许豪冲译：《精神分析治愈之道》，台北心理出版社2002年版。
11. 史托楼罗著，张宜宏译：《创伤的现象学和日常生活的绝对论：一次亲身旅程》，1992年版。
12. 叔本华著，钟鸣译：《叔本华文集》，中国言实出版社1996年版，第230页。
13. 《维摩诘所说经》，《大正藏》。
14. 惠能著，邓文宽校注：《六祖坛经：敦煌坛经读本》，辽宁教育出版社2005年版。
15. 孔丘：《论语》，中华书局2006年版。
16. 彼得·盖伊著，龚卓军、高志仁、梁永安译：《弗洛伊德传》(上下册)，

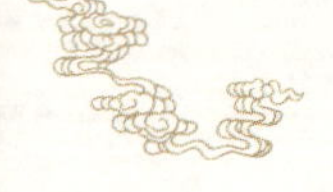
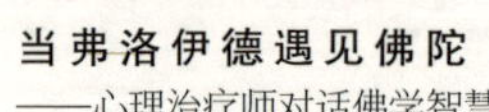

鹭江出版社2006年版。

17. 欧文·亚隆著，张亚译：《直视骄阳——征服死亡恐惧》，中国轻工业出版社2008年版。

18. 怀特，韦纳著，林明雄、林秀慧译：《自体心理学的理论与实务》，台北心理出版社2002年版。

第八章 精神分析的中道：自体的有和空

《精神分析的中道：自体的有和空》原文为《精神分析中的真实关系：有和空》，是我在完成《死本能与无常：精神分析的超越性》一章之后，意识到在对人类关系的分离中面临的困难，到底应该确信人类的关系还是否定人际关系，还没有进行很好的讨论。同时，在那个时期，来自美国的欧文·亚隆的存在心理治疗理念在中国传播，他的观点强调关系的真实性，但这种阐述太过生硬，它无法解答任何关系中都有无常性或者说空性这一本质。因此，我觉得他的理念存在逻辑上的问题，不能给我圆满的感觉。在此，我想起《清净道论》中谈及事物存在的本质是“有与空”同时具备的。这使得我进一步意识到，我们在心理治疗工作中，对关系坚实性（“有”）的重视，只是关注了关系的一个方面。对更为深远甚至是生命意义的精神分析来说，精神分析和心理治疗应该包括去领悟关系中的无常性（“空”）。而只有全面地理解我们人类的关系——人类关系是存在的，同时这种存在又包含有某种无常性，这才是真正对人类关系的完善理解——才能去面对治疗关系种种展现的可能。

但在对《精神分析中的真实关系：有和空》一文的修改过程中，我进一步意识到，关系其实是为自体存在感（自我，self）服务

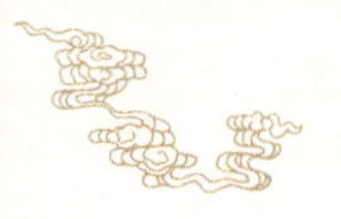

的，因此我换了一个视角修改了论文，即以下呈现的《精神分析的中道：自体的有和空》。

本章从佛学哲学和精神分析角度对自体不同视角对比进行了探讨以及互相借鉴。

本章论文发表于2013年，我也同时在第三届中国精神分析大会上演讲过相关主题。

精神分析自体心理学的核心关键之一涉及“自体”，对自体的理解是十分重要的核心。而在佛学助益下，对自体经验的理解，将加深精神分析工作者对生命主体深度的理解。

佛教哲学对事物（特别是“自体”，以下同）历来有着自己的阐述，也就是合乎中道的哲学，由中道观所描述的自体模式逼真地显现了人类的实相。具体的就是著名的佛教“三种见”——常见、

断见、合乎中道的如实正见,对自体的理解。

“常见”,认为所有存在的事物都将永远存在而没有变化。“断见”,认为所有存在的事物根本都不存在,也就是认为自体的彻底虚假而没有真实性,因此彻底以消极的姿态看待自身,这也导致对生命自体体验的隔离。这两种见在佛学被称为“边见”。

史托楼罗曾提出,创伤后的隔离等现象,源自起初生命对绝对论的坚持。所谓绝对论,就是确信和预期这个世界是不变化的,或者至少是有序的和可以控制的,是具有相当安全性的。对于这种“迷信”的观点,史托楼罗说,“一种天真现实主义和乐观主义的基础……对日常生活绝对论的大量解构把不可避免的偶然存在暴露在随意而无法预知的宇宙中,且在其中存在的安全感和连续性不可能得到保证”。绝对论即相当于佛教的“常见”,因确信绝对论而受的伤往往会导致创伤者过度隔离,相当于“断见”。这十分清晰地描述了人类对自体可能存在的误解和误用。常识所认同的“自体”是单一而缺乏辩证的,因此对自体单一面向的认识和感受往往会导致绝对论的盲从,这一盲从的结果就是无法抵御和适应意外事件或者创伤性事件的冲击。或者创伤者又因为天真和乐观主义的失败去盲目认同带有隔离特点的“断见”。

佛学在这两种边见之外,又阐述了第三种认识,被称为合乎中道的“如实正见”。佛陀指出,所有事物都是存在的,但所有存在都是无常的。佛教对事物提出“如实见”的解读方式,以辩证性的视角逼近事物的原状。佛陀指出,若能够如此接受地去体验存在之有性及其无常之空性,那么忧愁悲泣将被治疗,轮回——强迫性重复将会终止。这个佛教哲学理论十分适合协助精神分析工作者来理解关系。史托楼罗的存在主义观点呼应了佛教的“见”,为佛

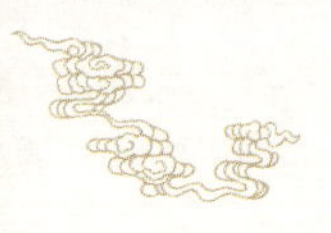

学与精神分析的接轨提供了桥梁。佛学的真知灼见对精神分析与心理治疗中“关系”的观点给予了重要补充。

在精神分析自体心理学中，自体客体经验是当代许多精神分析家所关注的，这似乎能够铸成“自体客体关系”。但这些技术的背景，似乎包含着史托楼罗所批评的“一种天真现实主义和乐观主义”或者佛教所批评的“常见”和“断见”的暗示。在精神分析的微观层面过度传递或者过度暗示单一面向的乐观，是否传递了某种来自精神分析和心理治疗本身的潜抑？

科胡特所指出的对自体恰好的挫折和修复过程，在临床中，精神分析家和心理治疗师理解到的“必要”失误的必要性。非自体客体经验通常是精神分析师、心理治疗师因自身职业角色内涵而拒绝或者潜抑的，也可能同时是被人类自身通常的文化习俗的建构势力所阻挡的。它似乎包含了一种自恋的、冷漠的可能。这一幻想虽然未必人人都有，但这一幻想乃是需要被提出和被反省的。正如斯特恩在亲子互动研究中指出养育的错位和协调的摆荡过程。

失败但非创伤性的自体经验，使得来访者有机会重新更全面的理解自身所在的世界和生活，协助来访者组织一种全新的体验模式来应对生活。在一次分析临近结束时，个案H先生突然提出一个“飞行”的幻想，我没有能够理解明白这个幻想的意义，由于当天分析已经结束，所以没有在意这一回应。但当H先生走出门的瞬间，我突然明白了H先生要传达的一种密友转移关系的分享。我内心生起一股遗憾，这是一种对于失去的哀悼。我接受了这一不足的过程。在下一次分析的开始，H先生说起上次虽然他离开的时候似乎是高兴着的，但当他走到电梯口，他内心出现了许多愤怒，因为我没有能够理解他的分享。在这时，我提及我在H先生上次出门后的自由联想，我在事后理解了他试图分享的喜悦，并且为此表示抱歉。这一开放的态度使H先生放松下来。这个片段中，自体客体经验和恰好的挫折经验辩证地展现在个案的精神世界中，这就是生命中自体的真相。尽管有人会呼应自己，但没有人能全部理解自己的所有要求。自体客体经验具有“有”的特点，而恰好的挫折具有关系中“空”的特点，恰好的挫折只要是非创伤性的，它就是自体适应结构的良好补充。

精神分析和长程心理治疗的结案过程，并非一蹴而就。这一过程包含着丰富的对“自体”实相的领悟机遇和精神世界的组织建构。如果仅仅以安慰等方式来应对显然是疏忽的。死亡焦虑作为人类最原始的焦虑之一，反映着婴儿天性的本能。如果能够在处理妥善分析或治疗的后半段工作，那么一个来访者可能获得的分析价值将是巨大的。

一次，当来访者D先生和分析师开始讨论结案时，虽然离结案的最后时间还有一年，但个案在一段时间后开始回避分析中的联想，并对分析师产生莫名其妙的哀伤和愤怒，并开始表现出对分析师的攻击。在渐渐无力的工作中，分析师开始感受到一种被杀死的恐怖感受。在一个前进的分析回合，当分析师与来访者交换对被杀死的感受时，D先生浮现了自由联想到的自己在母胎中曾被打胎的记忆，虽然这是在D先生懂事后母亲告诉他的，但D先生在听到这一事件的当下，其生命价值感就已经深受打击了。因为在那时那刻，D先生感受到在自己生命早期可以随时被杀死的脆弱性，他还悲痛地感受到母亲对自己的轻忽以及自己的愤怒，自己的生命被如此随意地对待。但这一感受在其成长过程中由于现实的原因被隔离，直到当下分析进展到分离这一类似被杀死场景中，个案的记忆在此点得以复苏。分析师和来访者终于有机会来面对

立夫顿

这一甚至比之前的分析更为重要的生命重整的阶段——生命的坚强性及其脆弱性。D先生对生命有了更完整的领悟。在此之后,D先生的怨恨渐渐消失了,并且了解自体中的某种无法确定性,命运的某种不可主宰性。于此,产生出对生命新的看法。

立夫顿(Robert Jay Lifton)总结了人类应对死亡的方式:一、生殖,通过繁殖后代,使自己在遗传中永生下来;二、依靠信仰架构,想象自己死亡后将会成为更高一级的生命状态,这是一种神学模式;三、人们通过伟大的思想、特殊的行为、杰出的作品、让别人觉得十分有价值的行为、被世间记得的名字、墓碑、墓志铭等,使自己永存在下去,这是一种创造性的存在主义模式;四、理解并接纳人之生死是大自然的运转,新陈代谢,这是一种永存的自然模式。

但不管是何种模式,这些模式似乎都忽视了,所有对于死亡的恐惧是来自对自体不确定性的焦虑,如果我们只是去发展某种模式来缓解或者掩盖这种焦虑,其本质都是一种压抑或者回避。我们倘能面对不确定性作出辩证的了解,我们就有机会去真正面对,渐渐从不可名状的焦虑中解脱出来。佛教哲学提出一种重新认识死亡的可能性——死亡,就是一种自体的"空"之面向的最极端表现。当这一焦虑消失时,我们的自体就更有力量以平常心来应对人生。在《死本能与无常》一文中,案例Z先生的进程是一种东方文化下面对死亡的过程和领悟,对他自己和别人来说都殊为珍贵。

“自体”的有与空呈现了辩证，任何存在之中都隐蔽着无常性。这是所有人都需要面对的实相。这一讨论包含着一种人类自组织的工作，试图去面对生命的状况，并且有更好的适应性。而对从事精神分析的专业工作者来说，对这一实相的认识有助于精神分析师、心理治疗师深入有关存在的治疗主题，也有机会协助个案进一步去体验自己的生命的全部。正如罗杰斯所说，“转变是允许他自己自由地成为他的真实自我这样一个变化流动的过程。他也会对于自身的实际经验变得友好而开放……他就越来可能以同样的倾听和理解的态度接受他人。”

参考文献

1. 徐钧：《死本能与无常：精神分析的超越性》，第二届中国精神分析大会2010年。
2. 觉音著，叶均译：《清净道论》，中国佛学文化研究所1995年版，第600页。
3. 史托楼罗著，张宜宏译：《创伤的现象学和日常生活的绝对论：一次亲身旅程》，1992年版。
4. 欧文·亚隆著，易之新译：《存在心理治疗》，台北张老师文化出版社2003年版，第79页。
5. R. D Stolorow, G. E Atwood.Contexts of being: The intersubjective foundations of psychological life.Analytic Press, 1992.
6. 梅兰妮·克莱因著，吕煦宗、刘慧卿译：《嫉羡和感恩》，台北心灵工坊文化事业股份有限公司2005年版。

第九章 佛学因缘哲学与精神分析的主体间性

《死本能与无常：精神分析的超越性》《精神分析中的真实关系：有和空》分别探索了人类对无常的生命现象如何了解和把握，以及人类关系的有和空的辩证方面的问题，而不管是无常，还是有与空辩证的中道，其实都源于佛学最重要的概念——因缘。

“缘”可能是中国，乃至亚洲大部分国家人民最熟悉的一个词了。缘即关系，事物与事物之间普遍的互相联结，乃至事物本身也是许多条件联结而酝酿产生的，又因为某些条件的消失而让整个事物随之消失。因缘的本质，就是无常变化；而事物的有与空的两边，正好也折射了因缘关系网络的两个方面。

精神分析、心理治疗、心理咨询无一不和人类关系有关，而这种关系是如何发生作用、如何理解、如何运用的，是本章的重点。本章整合佛学与心理治疗等方面，努力阐述一个心理治疗过程中互动的、接近真实的因缘模型，以帮助心理治疗师把握心理治疗或咨询要面对的错综复杂的人类关系以及心理治疗关系。

我在2010年首届亚洲精神分析大会上做了相关主题的演讲，会场上出人意料地满满一堂，许多中国心理治疗师和国外精神分析家都对这个话题产生了很大兴趣，也进行了广泛讨论。

之后国际精神分析学会（IPA）相关机构联系了我，我应邀将本文英语版发表在国际精神分析官方网站。(英语版名: Inter-dependence Origination (Hetupratyaya) Philosophy of Bud-dhism and Inter-subjectivity of Psychoanalysis)

一、引言

《易经·系辞》云,“物以类聚,人以群分”。当代精神分析与亚洲哲学、文化的相遇,自然而然地符合这一原则。主体间性(Stolorow, R. D. & Atwood, G. E., 1984、1988、1999)与第三主体(Thomas Ogden, 1994)是当代精神分析思潮的重要部分,同时这一思想与佛学因缘哲学之间有极大的类似性,佛学因缘哲学与精神分析的联结,有机会帮助分析家更完整地理解精神分析互动的过程和本质,并对精神分析中随机性等问题给予临床的关注。

二、佛学因缘哲学

原始佛学典籍中对因缘哲学的阐述如下,“尊者摩诃拘絺罗(Mahakotthita)答尊者舍利弗(Sariputta)言:尊者舍利弗!……如是,(苦、乐、舍等三)受非自生、非他生、非自他共生,亦非无因而有。”这段对话的意思是:有苦、乐、中性三类感受,它们不是自己发生的,也不是由他者发生的,还不是同时由自他共同发生的,更不是没有因由发生的,而是由各种条件的聚合而出现的现象。

在另一个佛学著名文献《法身偈》记载道,“诸法因缘生,诸法因缘灭。我师大沙门,常作如是说。”即一切事物现象都是因缘条件的聚合而生起,一切事物现象都是因缘条件的消散而坏灭。我的老师乔达摩,经常做这样的教导。在佛学因缘哲学阐述中,一粒

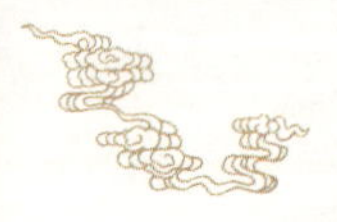

树种子能够长成一棵大树，并非一种线性因果能够说明的。这一过程还包含阳光、空气、水分、周边环境等各种复杂的条件，只有这些条件充分了，从种子到大树的过程才会发生。所以在某种意义上，其他不重要的次要因素，例如水分，在相关充分条件中，有时也可能成为决定性因素。事物的发展远超过我们线性因果的臆测。

在佛学传统中，因缘哲学（觉音，1995）一直占有核心位置。不论其学说还是禅修，都是围绕对因缘哲学的认识而展开的。

三、主体间性与因缘哲学的视角

“阅读行为包括一种远远更具私人性质的相会形态。作为读者的你，必须允许我占据你，占据你的意念和心理，因为我能够吐露的心声，只能是属于你在阅读体验中形成一个第三主体，它不能被还原为作者或读者。第三主体之创造是阅读体验的实质，并且也是精神分析体验的核心"(Thomas Ogden, 1994)。美国精神分析师托马斯·奥格登(Thomas Ogden)提出临床互动过程中主体间性的现象。主体间性的第三主体可以协助精神分析家在临床互动中更敏感的发现信息，增加其敏感度，扩展对病人的理解，因此十分重要。

观察奥格登对第三主体的阐述，会发现第三主体的本质很类似因缘哲学对事物的描述。虽然奥格登的描述带有含糊性，而没有达到因缘哲学所阐述的精准性。从因缘哲学的角度来理解，第三主体，非自生、非他生、非自他共生，亦非无因而有，而是有因有缘而出现(龙树，公元1世纪)。病人和分析家之间的互动，并非分析家和病人之间没有影响，并非分析家单向影响了病人，也不是病人单向影响分析家，影响其实是分析家和病人共同创造的产物，这种影响及其产物正如树种子譬喻中阐述的，具有比一般线性因果臆测更复杂、更非线性因果的特性。这样的视角让精神分析家有

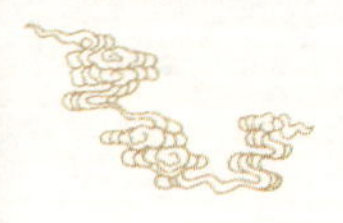

一种更为广阔的敏感度面对分析的互动过程。

同时，精神分析或者心理治疗所带来的来访者的痊愈，是分析家与病人在他们的背景中共同努力创作、并伴随着某些随机性的因缘作品。

四、案例

个案H先生，成功的商人，因为弥散性的抑郁感接受心理治疗。

在分析早期的某个情境中，H先生突然提出一个“飞行”的幻想，治疗师没有能够立即理解明白这个幻想的意义，而且由于当天分析已经结束，所以也没有在意要回应这一幻想。H先生的联想自然有其道理，但突然呈现在当下的情景中，显得突兀。尽管传统的说法有可能说这时出现这样的联想是必然的，但我更愿意将这次现象视为某种当下随机性的自由联想。虽然这一随机性内容可以在合适的时候，引申到类似的过去中来理解。

但当H先生走出门的瞬间，治疗师内心生起一种遗憾，这是一种对于失去的哀悼。这里当然也可以考虑是对H先生的过去历史中遗憾的反移情。但这一思考在当前框架下，被限定为一种假设。因为简单地去套用反移情理解的公式表面上治疗师似乎对H先生产生了理解，但这一理解有可能是生硬和强加的，同时这样的认识可能反而会阻止对“飞行”幻想进行开放探讨的可能。治疗师于是退后一步，接受了这一次治疗过程中的不足，准备以更开放的态度来等待接下去发生的事件而随机作适当的反应。当治疗师选择放下的时候，他感受到了友谊，这是一种非自、非他、非自他、非无因的第三主体的感受，他突然明白了H先生可能要传达一种密友转移关系的分享。

在下一次分析的开始，H先生说起上次治疗虽然他离开的时候似乎是高兴着的，但是当他走到电梯口，他内心出现了许多愤怒，因为治疗师没有能够理解他的分享。治疗师接着H先生的谈话，提及自己在H先生上次出门后的自由联想，在事后理解了他试图分享的喜悦，并且为此表示抱歉。这一开放的态度使H先生觉得被理解接纳了，随后身心放松下来。

在此之后一段时期，在某次治疗中，H先生说起一些无聊的事情，治疗师觉得分析空间中存在一种很莫名的感受，但是不知道发生了什么，H先生也不知道发生了什么。在某次治疗时，治疗师感受到莫名其妙，联想自己在其他个案前并不觉得疲惫，只是和H先生在一起时，才会出现疑惑。这种疑惑显然是病人和治疗师的互动所造成的，虽然它的产生可能首先来自H先生的影响。

治疗师于是聚焦当下的面谈看自己身体有什么感受，发现胸口位置有一些轻轻的感受，但不知道怎么命名这些感受。当注意到这些感受时，感受中出现了淡淡的一个词的声音，“无聊的生命”。当治疗师继续倾听H先生并同时感受“无聊的生命”时，这个内部的词语突然转变为一个新的词“感伤”。治疗师的自由联想中浮现了一幅场景，H先生在国外的一个小餐厅中洗碗。治疗师产生了一个内部的振动。这时候，一个由然诠释的起点开始产生了，于是治疗师表达出“感伤”这个词。H先生被震动了，他开始陈述自己的家庭在“文革”时代受到的不公正待遇和冲击，自己插队落户的经历，在全国恢复高考后高考成功，之后到国外，但在国外的早期由于语言等问题只能在一个小餐厅洗碗赚生活费，之后经历了很长时间，才慢慢达到现在的成就，一种历历在目的对生命的感伤涌现出来。在这个回合之后，H先生的心开始柔软了，分析向前推进了。这个诠释到达的点可以看作是病人领悟之后而产生的，它不是必然的，但只要有足够的条件聚合来支持，那么新事物就会在临界点产生突变。

在这里，治疗师也有机会重新理解H先生的“飞行”幻想，这是他对生命某种预期的幻想。同时，治疗师对H先生“飞行”幻想共情失败及其修复的过程在此时显示出其作用，如果当时的修复工作没有实现，那么之后的精神分析工作又可能完全走向另一个方向。因缘这个次要条件在这里其实占有重要的决定性位置。

因缘哲学在这个案例中，给治疗师提供了更有弹性的空间和更加开放的场景，来理解H先生的生命。“病人和我们不仅是我们现在所了解到的这些，不仅是我们的历史，或是我们所制定的条例以及现在得到的结论，甚至不仅是我们已知的一切”。因缘哲学视角的优势在于它能够支持治疗师在更加实际和灵活的态度中工作。

五、结语

佛学因缘哲学，在过去100年中，在亚洲曾经遭遇误解而被忽视。但当东西方文化在全球化进程中相遇时，它的价值应当被重新发现。

因缘哲学与当代主体间性精神分析、复杂性理论具有相关的联结点，可以协助描述精神分析的人际互动真实过程，并且比一般的理论有更好的临床适应性，能提供对精神分析和心理治疗很有帮助的哲学背景。当然，其中更多的细节，还有待精神分析家或者心理治疗师在今后的临床工作中去尝试、发现、拓展。

另一个因缘哲学所蕴含的重要命题——存在主义：精神分析

中人际关系的无常性——值得进一步认真而广泛的讨论(徐钧,2010)。因为深度的精神分析是需要包含对生命现象——特别是生死本质——无常的洞察。“诸法因缘生,诸法因缘灭。我师大沙门,常作如是说。”一切事物现象都是因缘条件的聚合而生起,一切事物现象都是因缘条件的消散而坏灭,一切事物现象因因缘聚散的生灭是一种深刻的自然规律——无常。

参考文献

1. 《杂阿含经》,大正藏:二八八经。
2. 觉音著,叶均译:《清净道论》,中国佛学文化研究所1995年版,第483—544页。
3. Thomas Ogden. *The concept of ingterpretive action. Psychoanal*. 1994.
4. 龙树著,鸠摩罗什译:《中论》,公元1世纪。
5. William J. Coburn. *Complexity Theory Made Easy*. International Association for Psychoanalytic Self Psychology, 2007.
6. R. D Stolorow, G. E Atwood. *Structures of Subjectivity: Explorations in Psychoanalytic Phenomenology Hillsdale*. N.J.: Analytic Press., 1984.
7. R. D. Stolorow, Intersubjectivity, Psychoanalytic Knowing, and Reality. *Contemp Psychoanal. 24*, pp.331–337, 1988.
8. Stolorow, *The contextuality and existentiality of emotional trauma.* International Association for Psychoanalytic Self Psychology, 2008.
9. R. D. Stolorow, The phenomenology of trauma and the absolutisms of everyday life: A personal journey. *Psychoanalytic Psychology*. Vol 16(3), pp.464–468, 1999.
10. 徐钧:《死本能与无常:精神分析的超越性》,第二届中国精神分析大会,2010年。

第十章 聚焦与因缘哲学

对临床心理治疗中“缘”的思考，让我在2011年联想起公元1世纪佛学哲学家龙树的缘起性空的中观学派哲学。中观学派记载了一个著名的论战片段，当时有人问龙树是什么观点时？龙树回答说自己没有观点。但反对方面质问龙树现在不是正在陈述某种观点吗(即没有观点也是一种观点)？龙树回答道，这个观点之所以成立是因为和你的问题有关，正因为你的问题所以缘起了我的陈述(龙树，公元1世纪)。有的阅读者会将这当作诡辩，但这不是诡辩，而是对中观学派缘起性空哲学认真的阐述。所有事物都是彼此联结产生以及运作的，所以它们本质是没有主宰和没有本质的空。这一观点对心

龙树，公元1世纪，佛学中观应成哲学的建立者

美国加州蒙特瑞阿西洛马会议中心海滩

理治疗十分重要，空的概念象征了治疗互动关系的容纳性。

本文对缘起性空哲学进行了借鉴，从临床因缘变化的角度很微观地讨论了句对句的变化过程和意义。

2011年6月，我参加了在美国加州蒙特瑞召开的第23届全球聚焦大会。我作为中国大陆第一位聚焦取向治疗师和训练师接受国际聚焦学会组织（TFI）的邀请而参加这次会议，并针对这一主题设计和组织了"缘"的聚焦体验工作坊。

对因缘哲学在心理治疗中的主题的探讨远远没有结束，还有许多理论和实践工作可以去做。聚焦是人本心理疗法的当代重大进展之一，它得益于罗杰斯的同事简德林（Gendlin）对治疗过程与体验的研究，即绝大部分的有效心理治疗引起来访者转变的发

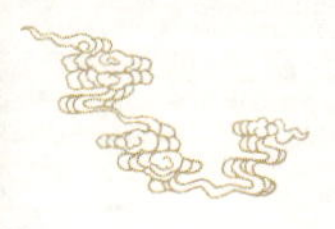

简德林，聚焦创始人

生必定伴随有来访者身体的“一种感受性的振动”（体会，felt sense）。如果这类体会不发生，那么可以预料，治疗往往会在来访者或者治疗师的隔离、理智化、情绪化的互动过程中进行无用功。聚焦即是在对来访者与治疗师有关“体会”互动的基础上建立起来的。而简德林进一步注意到互动关系在心理治疗过程中的作用，“有机体是一种能够持续重新生成自身的环境互动”（E. T. Gendin，2012）。

在聚焦这些创见与东方佛教哲学的相遇中，因缘哲学成为一个重要连接元素，它可以补充聚焦在亚洲文化视角下的新理解。

因缘哲学，作为佛教最核心的哲学存在了2 600年。

那什么是因缘？佛教著名文献《法身偈》云，“诸法因缘生，诸法因缘灭。”即一切现象都是因缘条件的聚合而生起，一切现象都是因缘条件的消散而坏灭。《阿毗达摩俱舍论》（世亲，5世纪）：“因缘合，诸法即生”。僧肇注释道，“前后相生，因也。现相助，缘也。诸法因缘合和相假，然后成立”。即在形成果——事物现象的过程中，直接作用的条件是因，其间接辅助的条件是缘。它们相互作用产生果的现象。因与缘的关系与简德林（E. T. Gendin，2012）的阐述有很强的相关性，即缘总是在不断地作为背景产生暗在的作用，影响因的方向，最后趋向果的形成。例如，一粒树种子能够长成一棵大树，并非一种线性因果能够精确说明的。这一过程发展还包含阳光、氧气、水分、周边环境等各种复杂的条件，这些条件及其变化在“暗在”中影响着树的成长，只有这些条件充分了，从种子到大树的现象过程才会发生。同时，所以在某些时候上，其他次要的因素，如水分，也可能成为决定性因素。

同时，因缘哲学所阐述的规律，也同样出现在人际感受中，“尊者摩诃拘絺罗（Mahakotthita）答尊者舍利弗（Sariputta）言：尊者舍利弗！……如是，（苦、乐、舍等三受）非自生、非他生、非自他共生，亦非无因而有”（《杂阿含经.二八八经》āgama，公元前5世纪）。这段对话的意思是，有苦、乐、中性三类范畴的感受，它们不是自己发生的，不是由他者发生的，也不是同时由自他共同发生的，也不是没有因由发生的，而是由各种条件的聚合而出现的现象。这个观点在当代主体间性的角度也获得了呼应（Stolorow, R.D. 1988; The Boston Change Pro-cess Study Group, 2005、2010）。

在思考因缘哲学在聚焦的人际互动呈现作用时，我注意到以上观点。它们启示了这样一系列现象的规律：一、即体会的产生，是多种因缘条件合和的结果；二、相应心理治疗的体验过程及研究所显示的体验转变过程也是众多因缘条件的复杂变化构成的，而体会的推进也是因缘变化的结果；三、作为因缘的成熟推进的结果产生后，新产生的结果现象又成为未来的因缘条件而继续产生新方向的变化和推进。

我们来看一下案例，来访者Z，32岁，职业是心理咨询师，轻度抑郁，阅读过一些聚焦的作品。

Z：我觉得不知道怎么了，就是有一种不舒服。

T：嗯！有一种不舒服。

Z：我自己之前也聚焦过，但好像就到这里停止了。一种不舒服的感受，还能怎么样呢？

T：噢！好像卡在那里，并没有什么推进。

Z：是的，卡在那里，就这样了。好像没有进展。

T：我们先退开一些，离开卡住，感受远一些，你是什么时候开始感受到这种不舒服的？

来访者Z希望得到咨询师(T)的帮助这是明在的因，但来访者自己使用过聚焦无效的话语，在此当下的工作背景中，呈现了缘的暗在的影响，构成了一种对当下咨询的质疑性。所以咨询师没有先去询问来访者本身自学的聚焦是否使用得当或者种种问题，因为这种质疑性提问可能会引起工作指向其他方向。咨询师直接开始与来访者进行聚焦，协助来访者腾出空间。

来访者自己聚焦过的问题并非没有产生影响，但咨询师愿意等待合适的时机来着手聚焦本身等问题，而现在先着手体会本身。

Z：好像没有什么用！（2分钟后）

T：好像之前你自己的聚焦让你有些失望，这让你现在无法确信这种方式？

Z：是的，好像没有什么用。

T：嗯！我感觉到好像你现在有两个层面的感受，一个是对用聚焦来工作有一种失望，一个是之前产生的一种不舒服的感受，是这样吗？

Z：是的。

这里来访者对腾出空间的过程，调整体会与自己关系的距离虽然进行了等待，但来访者的感受还在受到自己情绪困扰的影响，所以目前聚焦没有得以进行。

在因缘过程中,之前来访者被两种暗在的感受所影响,一是不舒服的感受本身;二是对不舒服进行聚焦尝试后的挫败感。这种感受对咨询师也会有所阻碍,这时候如果硬要往聚焦的深度迈进,咨访双方的互动有可能会形成僵局。

所以咨询师在这里没有继续推进,而是首先澄清了来访者的感受。在这样的过程中,来访者得以暂时离开原来僵硬的点,有机会进入更加广阔的空间活动。这个空间的形成是之前众多因缘条件互动的结果,它又为后面的咨询提供了新的因缘条件。

T:我们一个一个来处理,你看如何?

Z:可以。

T:你看从哪一个方向开始呢?

Z:从不舒服吧。这事情最近一直缠绕我。

T:你刚才说,"这事情最近一直缠绕我",使你不舒服?

互动创建的空间产生了效应,来访者开始能够暂时搁置聚焦挫败以及对聚焦产生怀疑的经验,而和咨询师进入其中一个焦点的工作,因为这确实是要咨询的首要问题。这是来访者目前来寻求的"因"。

Z:噢!是有一个事情。我一周前接了一个边缘型人格障碍的个案,她纠缠着攻击了我一番。我其实尽心尽力为她着想,但她居然骂我是个"傻瓜"。

T:哦,这个来访者那天在咨询里攻击你?

Z:是啊!那天下午我就不舒服,心里一直无法放下。很烦。

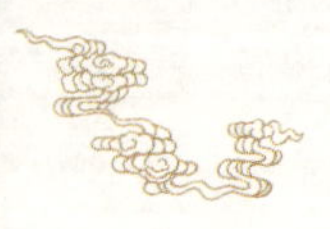

T：你的意思是说，在与这个来访者的咨询后，你感到一种不舒服？

Z：是的。不舒服，很抑郁。

虽然这是简单的回应，但是很有作用，第一是能够以倾听的形式对信息进行确认并澄清，第二是回应的结果与Fonagy阐述的次级自体表象（self representation）是相关的（Peter Fonagy, 1999）。准确和恰当的回应可以协助来访者体验与自身感受的联系。而准确的回应也是促进体会得到推进的一个重要外缘，即使只是单纯的回应，其实包含了丰富的主体间性互动的助缘。

有咨询师陪同的聚焦过程不同于聚焦者单独努力的过程，而是来访者与咨询师合作和关系互动的过程。就如一个人聚焦与有咨询师陪同的聚焦过程是不同的，这一不同的发生就在于有聚焦师协助的咨询性聚焦是有更多的有利因缘协助推进的。当然，有时候咨询师错误的协助，在因缘哲学来看，则是一种所谓的“恶缘”，这会导致来访者的体会朝向偏差的方向发展。

在这段中，彼此工作的暗在背景已经产生了变化，从之前混乱和对聚焦怀疑的背景上，转向了来访者困扰产生的情景，随之产生了对体会的关注。背景的迁移是一个心理变化过程，这一心理变化过程来自咨访之间互动的变化，而这一变化是暗在的，并形成一种趋势影响咨询继续发展。

T：抑郁吗？

Z：是的，抑郁（指着胸口），郁闷。

T：在胸口感受到郁闷。

Z：气堵。

T：有一种气堵的体会。能够体会一下它吗？

Z：想骂人……

T：气堵的感受能够体会一下吗？

Z：体会就是要骂人，准备揍那个人。

来访者此时进入了愤怒之中，因为这个感受是如此强烈，使得来访者与自己的感受太靠近了，造成了暂时的停滞，可以工作的空间又开始渐渐消失。这里或许有更好的回应方式。

此时，咨询师本身的背景会在当下的咨询现场中进入咨询背景，这可能是一个协助的善缘，也可能成为障碍的恶缘。在善缘的方向，如果咨询师能够以开放性的态度看待停滞，那么停滞并不是坏事；如果咨询师将此停滞作为坏事，甚至进一步产生恐惧或者担忧感，那么停滞就真的会往僵局的咨询方向演化。

但在实际回合中，咨询师此时将停滞视为是可调整的，并且停滞也反映了来访者对此事件的感受之深以及来访者的情感模型。当如此理解这一现象时，咨访关系的过程继续保持空间的开放性。"我们不能讲生命'是'什么，生命总是'是'并且'蕴含着'(implying)什么"(E. T. Gendin，2007)。因缘的过程总是如此，没有任何坏会永恒存在，也没有任何好会永恒存在，它们总是在无常变化中。

T：我感觉到你很生气，或许我们能够把感受推远一些。

Z：没什么变化，就是郁闷。

T：你不用急着回答，或者你头脑里有任何想法出现，我们也暂时搁置一下，暂时放下这些想法，而仅仅是与这个郁闷的感受静静待一会儿，只是静静地待一会儿。

咨询师注意到来访者的快速回答，并没有去真正感受其中的体会，所以给予了一个建议。这是一个新缘的加入，希望促使来访者与自己的体会能够在合适的关系中进行某种有意识的相处。虽然这未必一定是有效的，但探索和创造积累因缘的过程有时候是需要试错的。我们不可能如先知一样知道所有的前因后果。

Z：……（流泪了）

T：（静静地等待了2分钟）我注意到你好像感受到了什么？

Z：是的！委屈。

T：委屈，我感到一种自尊受伤的感受。

Z：不是自尊受伤，而是一种苦心和努力无法被我的来访者理解的感受，好像没有价值一样。

T：嗯！一种没有被理解的委屈，好像自己的努力和苦心都没有价值。

来访者在体验中获得了一种推进，对自己的体会产生了领悟。咨询师之后在互动的体会中自己感受到了自尊的感受，但这个感受同样需要澄清。于是我们进行了澄清，来访者的“不是”回应虽然证明了咨询师的共情是不到位的，但也因此获得了对此反省的一种加深的推进。他更加清晰了自己体会的意义。

因缘的过程有时候无法预测，咨询师在同步协助创造因缘的过程中，其实是无法避免不犯错的。但关键在于，因缘是向未来呈现开放性的，只要咨询师不是武断地坚信自己是正确的，而保持一种开放性的态度，那么即使是错误也可以被修正，然后朝向澄清和正确的方向进展，而不至于恶化为恶缘导致总体性的错误之果。

Z：是的！（安静深思了5分钟）

T：现在感受如何？

Z：好像有一种力量了，之前好像很抑郁的感受，那就是受伤的感受，但现在似乎缓过来了。我其实同情这个来访者，但她的反应往往是这样，有时我因为花了这么大努力和她工作，预期也会很大，所以当她骂我是傻瓜时，我许多话突然无法表达，我也无法面对自己的关心，好像自己在谴责自己……现在，我想有力量可以和那位来访者工作了。或许我可以问问她是什么时候有那种想骂我的冲动感受的……

T：嗯！好像感受清晰了。

Z：是的！

因缘条件合和产生了希望的成果，这一过程不是咨询师单向的努力就能完成的，也不是来访者单向努力就能完成的，而是来自咨访双方的相遇——这一相遇并不是“相遇”这一个词本身那么简单，其实过程包含了众多复杂因缘条件的和合与这因果的变迁。但本案例即使达到了目前的结果，是否就是结尾呢？并不是的。显然这只是无限因果之几段，目前所产生的领悟作为来访者未来生活和咨询工作的一个背景性因缘存在，影响着未来因缘及果的产生和变化。正如因缘哲学所阐述的，因缘的本质是性空（sunyata）的，但正因为空性（sunyata）包含了展现因缘万有和各种可能性的暗在势力。

在聚焦及其实践过程中，体会的产生、推进与各种明在、暗在的因素相关，不同的背景会引起聚焦过程的不同发展方向，而背景也是一种动态的变化之景，背景本身也是众多因缘条件的合和。对这些过程的认识将能够更好地协助聚焦师，在当下的复杂的因

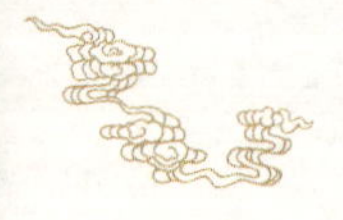

素中去发展不同的聚焦路径的善缘，并且能够抱持一种向未来的新体会保持开放的心态去运用和实践聚焦。

参考文献

1. 《杂阿含经》，大正藏：二八八经。
2. E. T. Gendlin. Focusing: The body speaks from the inside. 8th Annual International Trauma Conference. Boston, 2007.
3. E. T. Gendlin. *Implicit precision*. UK: Palgrave Macmillan, 2012.
4. R. D. Stolorow.Intersubjectivity, Psychoanalytic Knowing, and Reality. *Contemp Psychoanal. 1988, 24* (2):331–338.
5. The Boston Change Process Study Group. *Forms of intersubjectivity in infant research and adult treatment.* USA: W W Norton & Co Inc, 2005.
6. Peter Fonagy. *Pathological Attachments and Therapeutic Action.* Paper to the Developmental and Psychoanalytic Discussion Group, American Psychoanalytic Association Meeting, Washington DC 13 May 1999.
7. The Boston Change Process Study Group. *Change in Psychotherapy: A Unifying Paradigm.* USA: W. W. Norton & Company, 2010.
8. 世亲著，玄奘译：《阿毗达摩俱舍论》，公元5世纪。
9. 龙树著，鸠摩罗什译：《中论》，公元1世纪。

第十一章 | 空，体验存在的基础

在思考“缘”的哲学对心理治疗可能产生的影响时，我也同时考虑了缘的另一面向：空。所以，延伸《聚焦与因缘哲学》一文，我思考“空”这一命题对心理治疗中来访者和治疗师的意义是什么？我发现，对于实现来访者主体性的心理咨询来说，空其实是一种主体的背景性空间，如果失去这种背景性空间，来访者的主体也很难真正实现。而只有很好地意识到这个重点，来访者和心理咨询师的主体才能在彼此互动的主体间中被充分实现。

本文在复旦大学主办的第二届存在主义心理学国际会议上发表。

佛学的“空”，其基础在因缘哲学所阐述的，一切因缘聚合离散的事物的本质是空的，但正因为空性（sunyata）涵容了展现因缘万有和各种可能性的暗在势力。类似的观点也表现在中国的《道德经》中：“埏埴以为器，当其无，有器之用。凿户牖以为室，当其无，有室之用”。所以这里的“空”并不是什么都没有，而更多的是指向一种包含任何可能性的态势。

来访者如何获得其主体感的体验和领悟，是人本——存在心理治疗的关键点。虽然这和来访者本身的体验及努力相关，但要

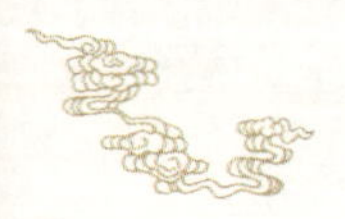

促进这一主体体验的产生，也与心理咨询过程中，心理咨询师与来访者共同创造的促进来访者主体体验和领悟的空间相关。如果心理咨询过程中，心理咨询师一味强调来访者该去体验自身的主体性，可能会适得其反，覆盖了来访者酝酿的自身发展的节奏和自身的创造性，咨访双方的错位和彼此体验的歪曲就会因此产生（Daniel N. Stern，2004），这样的结果可能正是存在主义哲学所反对的。而心理咨询师如果能够在来访者犹豫、彷徨、艰难、酝酿的体验过程中，提供给来访者以某种空间，来访者反而就有空间和时间来完成其自身可能性的发展（Ann Weiser Cornell, Barbara, 2008），并因此获得更自然的进一步领悟。在以下的3个案例中，我将试图阐述心理咨询过程中空间的意涵的临床意义。

一、没有空间的案例

（来访者以下简称C，咨询师以下简称T）

C：我对你挺崇拜的，我想你真是在心理咨询方面很了不起的一位老师。

T：噢！我想你是误解了，我可能就是一个普通的心理咨询师，但你似乎过度地夸奖了我。不知道当我这么说了后，你是怎么感受的？

C：（沉默5分钟）我不知道是什么感受。

T：你是否有生气的感受？

C：（沉默1分钟）我不生你的气。

T：你说你不生我的气，但你现在的牙齿咬得很紧张，脸色也不好。

C：你说我该怎么办呢？

T：你可以说说你当下的感受。

C：我不知道你要我说的感受是什么。

在以上案例中，心理咨询师过快地打破了来访者的理想化投射过程（科胡特，2002），而来访者的某些深度情感投射过程，有时候并不会因心理咨询师仅仅一个理性上的要求，就能够立即在情感层面领悟和适应的。虽然咨询师在此刻说的可能是实话，但这对于来访者的情感转换能力来说，或许过早了。而在之后，心理咨询师要求来访者继续体验当下生气的感受，让来访者产生了防御性的过程，导致他们之间的谈话空间失去了弹性。虽然在动机上，我不怀疑心理咨询师试图在促进来访者体验主体性，但因操之过急的反应，让心理咨询过程的重点移动到了心理咨询师所喜欢的理论重点上，而非来访者主体体验及相应的自然节奏上，因此咨询僵在一个错位的位置上。这也是所谓的"I-it"关系。

二、创造空间的案例：

C：是的，抑郁（指着胸口），郁闷。

T：在胸口感受到郁闷。

C：气堵。

T：有一种气堵的感觉。或许我们体会一下它吗？

C：（沉默了2分钟）想骂人……

T：气堵的感受能够体会一下吗？

C：就是想要骂人，准备揍那个人。

T：我感觉到你很生气，或许我们能够把感受推远一些。

C：没什么变化，就是郁闷。

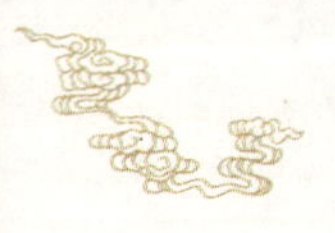

在这里心理咨询师试图协助来访者体验其本身的主体感受，但来访者已经快速陷入情绪过程中，导致心理咨询的体验空间快速关闭。这时，心理咨询师退后一步，安抚了来访者的体验节奏，同时帮助来访者回归到此时此刻的当下，而不是穿越在过去的情绪记忆中。

T：你不用急着回答，或者你头脑里有任何想法出现，我们也暂时搁置一下，暂时放下这些想法，而仅仅是与这个郁闷的感受静静待一会儿，只是静静地待一会儿。

C：（沉默1分钟）……（流泪了）

T：（静静地等待了2分钟）我注意到你好像感受到了什么？

C：是的！委屈。

T：委屈，我感到一种自尊受伤的感受。

C：不是自尊受伤，而是一种苦心和努力无法被人理解的感受，好像没有价值一样。

T：嗯！一种没有被理解的委屈，好像自己的努力和苦心都没有价值。

当心理咨询师在与来访者的互动中创造了一个体验空间后，主体性的体验得以真正涌入意识中，正如案例过程所显示的，来访者感受到了主体所压抑的暗在（implicit）体验。如果此时此刻，治疗师还集中在对主体体验的关注中，来访者在体验过程中就可能会一直沉溺在愤怒情绪中无法自拔。

三、在空间中运行的案例：

C：我觉得今天状态不好。

T：今天状态不好？

C：是啊，好像我的注意力无法集中在这里。

T：嗯！你觉得今天好像心不在焉，或者说心不在此……

C：好像是的。

T：今天你心里想着什么呢？

C：乱七八糟，我也不知道想着什么。

T：乱七八糟，嗯！你看我们来整理一下，如何？

C：（沉默了1分钟）好吧！试试看吧！我也不知道是否说得清楚。

T：有一些事情？我们尝试说说看，你尽管说，不用担心说得不清楚，我们一起来。

C：好像在单位里，最近有个项目让我有些压力。

T：嗯，单位的一个项目让你有些压力，是你负责的？

C：不，我只是参与者之一，不过这件事情目前都已经安排好了。整个程序就是这样，不会有变化，好像就一直这么做下去就可以。

T：嗯，这事好像让你有压力，但你又注意到事情已经安排定了，就这么做下去就可以了。

C：是的，就这么做下去就可以，所以好像并不是有什么压力。

T：哦！好像压力并不是之前感受到的那么大……

C：之后的事情是我的婚礼正在准备，三个月后要进行。

T：对，我注意到你结婚这件事，宾馆和度假预订好了？

C：这些都准备好了，宾馆宴席已经预订好了，度假也安排好了。就等这个仪式了。

T：你感觉准备好了，就等这个仪式了？

C：虽然内心有点紧张，怕结婚仪式闹起来比较烦，不过这些

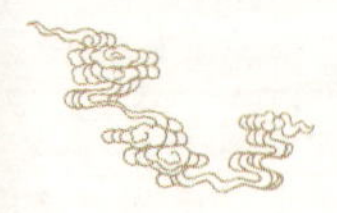

都在掌握之中。

T:(笑)虽然有些小紧张,但还是有信心。

C:我知道了……

T:什么?

C:其实我对你上周咨询时说的一句话有些不舒服。

T:噢!抱歉,我自己还没有意识到,你方便告诉我是哪句话吗?

C:是你(指咨询师)对我(指来访者)说的。我上次在之前说了我(来访者)希望有自己的事业,你并没有在意,还让我好好工作。我觉得你当时没有理解我的想法。

在这个案例里,由于来访者的主体感受并不在现场,所以心理咨询师协助来访者腾出内心空间,梳理其生活事件和内心的感受,渐渐地,来访者有机会和心理咨询师过渡到当下时刻(now moment)的有效工作中。从而利用空间改善和修复了心理咨询的关系,并因此协助来访者厘清内心需要表达的真正感受。在这个咨询回合中他们构成"我—你"关系。

在心理咨询过程中,如果能够成功地理解"空"的意义,运用适当的空间,将有助于来访者陈述和体验到属于自身的主体体验,而不是被歪曲为一种扭曲的体验,渐渐丧失主体性。而"空"并非一无是处,反而正因为在"空"之中,充满生命活力的体验以及体验的发展转化才能真正被产生出来,为我们所接纳。正如简德林所说,"我们不能讲生命'是'什么,生命总是'是'并且'蕴含着'什么"(Gendlin, E.T, 2007)。而这一对生命存在动态性的观点,也呼应与佛学"空"义在临床心理咨询中的意义。在佛学的大手印(Mahamudra)中记录了这样文字:"空而无灭无所不显现"。在今天的世界，这两个世界的智慧正在一个深度中真正相遇。

参考文献

1. 龙树著，鸠摩罗什译：《中论》，公元1世纪。
2. Ann Weiser Cornell, Barbara McGavin. Inner Relationship Focusing. *The Focusing Folio: Volume 21, Number 1*, 2008.
3. Daniel N. Stern. *The Present Moment in Psychotherapy and Everyday Life*. W W Norton & Co Inc, 2004
4. The Boston Change Process Study Group. *Change in Psychotherapy: A Unifying Paradigm.*W. W. Norton & Company, 2010.
5. 科胡特著，许豪冲译：《自体的分析》，台北心理出版社2002年版。
6. Gendlin, E.T. *Focusing: The body speaks from the inside.* 2007.
7. XuJun, *Inter-dependence Origination (Hetupratyaya) Philosophy of Buddhism and Inter-subjectivity of Psychoanalysis.* The 1st Asaan Psychoanalytic Conference of IPA, BeiJing, 2010.

第十二章 十一面观世音本生传说隐喻的成长之路

在亚洲精神分析大会之后，我开始思考佛学中隐喻的问题。佛教在2 000多年的历史中经常有隐喻的教学。隐喻是一种十分有意义的人类沟通方式。所以我趁吴和鸣教授邀请我参加武汉灵泉寺举办的药师佛文化研讨会的机会，以十一面观音本生故事这个点所隐喻的位置进行了研究。

这篇文章容易被误解为是专门研讨慈悲的，虽然有一部分的确是讨论慈悲、受伤的疗愈者在心理咨询中的意义，但我更多的考量是对隐喻进行一定程度的触及。同时，在2015年中国第三届聚焦及其疗法会议上，我和日本关西大学的岗村平次研究员也就中国佛教禅宗的临济宗隐喻方式和猜谜游戏展开了一定程度的研讨，显然这是一个深刻且值得终生研究的命题。

十一面观世音是北传佛教中家喻户晓的菩萨形象，在中国乃至亚洲社会广为流行。但十一面观世音作为心理助人者原型的内涵，却并没有得到更深刻的理解。在文化意义上，观世音菩萨作为慈悲的化身、助人者的代表，对各种形式的心理助人者都具有原型意义。所谓心理助人者，涵盖心理咨询师、心理治疗师、精神科医生、社会工作者、社会志愿者、出家法师、法工、牧师等，对他人心理

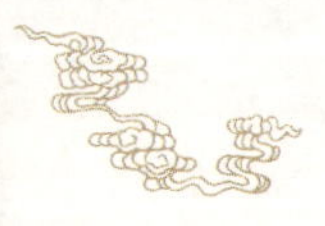

起到正向影响的人士。而十一面观音的本生传说所传递的十一面观世音由来，对心理助人者群体更是具有重大的启示。

一、十一面观世音由来的故事

在十一面观世音菩萨本生传说中，远在无量劫以前，观世音菩萨原为一面二臂之佛教修行者，因悲悯一切众生之苦痛，在鼓音王如来尊前发下菩提誓愿，“将度尽六道轮回所有有情众生，方愿成佛，如果退失此誓愿，此头与身将裂成千万碎片”。此誓愿建立后，菩萨即奋力在六道中谨守誓言，尽心度化及救援众生，而让无量众生因此脱离轮回。然而，即使无量众生得以度脱，但观世音菩萨放眼茫茫六道轮回宇宙，发现更多无量无数的众生尚需要救度，无法穷尽。因此，观世音菩萨的菩提誓愿发生了动摇，因此决定放弃此前发下的宏誓，就在他愿心发生退转的当下，誓愿的负面诅咒就立即发生了作用，观世音菩萨的头颅及身体顿时破裂成千万碎片。观世音菩萨因此身心痛苦而感受众生的苦痛，而呼喊上师阿弥陀佛的救援。阿弥陀佛于是出现在面前，以神通力对观世音菩萨已经碎裂的头与身给予加持。观世音菩萨的头由碎片重组成了十个头，以代表成佛的十地，而阿弥陀佛自己的头则成为观世音的第十一面，破碎的身体被重组为千手千眼，他重生为十一面千手千眼观世音菩萨。阿弥陀佛同时开示观世音菩萨道：“众生与佛只谓净染，实无有自性可度”。之后观世音菩萨以其大慈悲、大智慧、大誓愿在六道轮回中随机随缘度化无尽有情，千手千眼化生出贤劫千佛继续在浩瀚宇宙中度化众生。

此观世音菩萨本生传说在印度中晚期佛教、藏传佛教中广为流传，并成为佛教修行者、佛教弟子实践菩提心的一种启示文本。

二、"十一面观世音由来"文本的精神分析理解

十一面观世音本生的文本，可以分为立誓、动摇、重生3个阶段。在精神分析发展心理学理论中，这显示着个体以及心理助人者的成长之路。或者说这一成长之路与人类自恋的修通成熟是紧密相关的。

在科胡特的精神分析自体心理学理论，自恋伴随人一生的心理发展。观世音菩萨初期立誓有着伟大的宏愿，但并没有成熟智慧的一面，因此它显示出某种执着的面向。以精神分析的角度来阐述，这是早期夸大自体未修通的面向。所谓夸大自体的原始面向，是试图通过与环境的互动，获得某种外在事业来支持巨大的自我认同感的存在。但这种愿望是需要节制的，没有限制的追求这种自体感，往往后果是伴随巨大的挫折感的。在以上观世音菩萨因沮丧而放弃誓愿的行为中，清晰反映了这一心理过程。而将身体的碎裂理解为夸大自体在受到巨大挫折后的崩解感是恰当的。这种夸大自体的愿望，其实与佛教"我执"息息相关，渗透着"我执"的行为会将人带入烦恼的缘起模型中去。

科胡特指出，真正健康的自恋可以有其高级形式，即一个人获得修通的成熟自恋形式，是具有幽默、创造力、共情、了解无常、放下的智慧5项特征的，而这5项特征与"我执"被部分或全部放下是紧密联系的。观世音菩萨在巨大的挫折后所感受到的众生的苦痛，并且重整生命的过程，就是一个对他人痛苦的切身同情和共情的过程，同时也是对自身全能的哀悼过程。当这些事件所隐喻的心理过程发生后，一种以更加成熟姿态救援众生的智慧就到达了。正如文本所显示的阿弥陀佛的到来，以及阿弥陀佛将自己的佛首安置在十一面观世音菩萨的第11面上，这代表了智慧的发生和生

命的重生。十一面观世音菩萨能够以一种全新的且更加具有成熟智慧的姿态进入助人事业中。

十一面观世音本生文本中，观世音立誓、动摇、重生三阶段这一过程，如史托楼罗所强调的，“分析师会使用所有的办法让病人的主体世界展现出来，这包括冗长的沉默和回应，在此期间，分析师在寻找与病人相类似的自己的经验。这类似的经验可来自多种途径，如分析师的童年经验，其个人分析、案例收集、其他分析师的案例、阅读文献、发展性研究，以及他对心理分析理论的研究。”这样的过程反映了观世音痛苦中的意义。分析心理学家荣格将十一面观世音本生这样的故事理解成“受伤的治疗者”原型，隐喻在心理助人过程中，助人者怎么去真正感同身受但又有节制的去协助那些需要被帮助者。

三、古代的佛教禅修者成长的案例：比丘尼巴莫、止贡巴

在印度佛教十一面观音本尊的禅修者的众多传记中，最著名的是比丘尼巴莫的禅修经历。据说她因为在此禅修过程中，患了一种严重的皮肤病，全身溃烂，在当时的医疗条件下这是无法医治的疾病，因此比丘尼巴莫只能被遗弃在森林中，她每天祈祷观世音菩萨，据说一天一个云游的佛教徒（传说是观世音的化身）路过森林，发现比丘尼巴莫在森林中困顿将逝，于是传授了她十一面观世音斋戒仪轨。比丘尼巴莫之后按照这个方法禅修，感同身受众生的痛苦。在一天晚上，观世音出现在她梦境中，用净瓶的水净化她的身体，她的身体因此排除了疾病障碍。她醒来后，身体就渐渐获得了痊愈，然后获得了觉悟。之后她以传播十一面观世音斋戒禅修方法而闻名印度。

止贡巴

在藏传佛教著名的止贡噶举创始人止贡巴的修道中，同样发生了类似病倒而后修复自身的故事。止贡巴在获得著名的佛教大师帕木竹巴传授后，在闭关禅修地隐居以期获得觉悟智慧，但他在隐居闭关的过程中感染了当时无法医治的绝症——麻风病，身上皮肤腐烂。按照当地习俗，他应该默默离开闭关房，不要将病传染给其他人，一个人去山里等死。据说止贡巴在离开的前一天夜里，默默向闭关房的十一面观世音像告别，准备一个人去面对不久将到来的死亡，他在祈祷中感觉理解到了自己正在经验的痛苦其实也就是每个世间众生所遭遇的真实痛苦，因而发起对所有生命的慈悲心，当下进入观世音慈悲禅定中，并在那天晚上梦见有许多蛇爬出了自己的身体，醒来后他的身体开始呈现康复的状态，他也由此获得了觉悟的慈悲智慧，之后在西藏创立了止贡噶举派传承佛教。

这些古代的禅修者的戏剧性修道经历，都展现出类似十一面观世音菩萨的立誓、动摇、重生的阶段，这隐喻了一种心理助人者本身的心理发展过程。

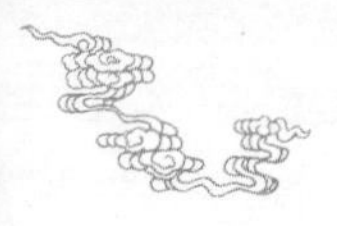

四、当代心理助人者的成长及案例

当代的心理助人者，在工作中，也经历着与古代禅修者类似的成长之路。虽然两者的工作对象发生了些许变化，但工作所需要的精神核心却是十分靠近的。这一职业要求心理助人者需要具有贴近理解求助者的共情等能力，而这些能力是否清净还是带有杂染的，对心理助人者本身及其工作都是影响很大的。当心理助人者的无意识经历类似十一面观世音菩萨的心理过程，如果不具有成熟的返身和共情等心理能力，心理助人者可能会因为过度认同求助者某些面向，而导致自我功能的瘫痪、自我的受挫、自我的受伤等。心理助人者群体其心理困扰的发生风险往往高于普通人群，而这种风险对助人者本身以及被助者都是有害的。所以理解这一过程对心理助人者的意义是很大的。

X女士，心理咨询师，在工作中被来访者无端攻击，几个月都心情抑郁。在案例督导过程中，X女士叙述自己对心理咨询工作的热爱，以及她尽心关心的来访者攻击她时，她感受到了无法承载的难受，而这挥之不去的难受与X女士之前对工作的预期是存在差异的。当热情被来访者的行为所挫败时，一种无法言说的受伤感就出现了。X女士在心中甚至一度泛起是否要中断心理咨询职业发展的念头。但当这一心理过程在督导中被咨询师所理解的时候，X女士获得了一种新的视野，能够更平衡地理解来访者攻击过程的发生及其原因，更有效地与来访者开展咨询工作。

W先生，心理咨询师，进入心理咨询行业两年。每周完成30个工作案例。不久之后，他开始出现耗竭反应，生活变得莫名的有压力，早醒、失眠、晚上睡眠很浅，也不想再接案例，与家人天天发生争吵。但即使这样，他每周还在继续接30个案例。出现这样的情况，与咨询师本身的自恋修通与否有极大的关系。在W先生终于寻找心理咨询介入时，他的情况已经严重到应该立即休息并参加心理咨询的程度了。体验分析师建议他先进入休假状态，虽然W先生还是有些无法放下拯救来访者的热切愿望，但因为自身生活几近崩溃使他不得不停止工作。在之后的心理咨询过程中，W先生渐渐呈现自身过去婚姻失败的场景以及早年父母在外经商无法关怀自己的情景。在W先生的精神分析过程中，他能够重新哀悼自恋的丧失，并且得以重新审视自己的生活和当下的职业热情。W先生在一年多的精神分析体验分析过程中，对心理咨询产生了全新的理解，并且在自己的心理咨询结束后，重新投入心理咨询的行业中，以更成熟的姿态根据自身的实际能力为来访者进行心理咨询，他也能够更完整和平实地共情和理解来访者，而不是像过去那样以全能自恋的热情去拯救来访者。

以上案例反映出心理助人工作所需要的心理能力的成长，是需要助人者对自身于工作的投入有所反思而得以实现的。而这一心理模型可以在十一面观世音菩萨的立誓、动摇、重生的本生传说中发现其原型意义。正如许多心理助人工作者一样，X女士、W先生之所以参与到心理咨询的工作中，是和自身的成长经历、个性特点、价值取向等相关，他们或深或浅读地会经历自身的反思和成长，有从开始热情、喜悦、积极投入的时期，到中间耗竭、充满贫乏感、失望、怀疑的时期，如果能够在中间这个时期化解工作给内心带来的冲击和不良反应，修通自体的自恋感、价值观、行为等，那么在一段时间后会重生出更加成熟的自体状态。同时这个还可能是螺旋上升，而并非一劳永逸的过程，成长之路对每个心理助人者都是一生需要关注的事情。而十一面观世音的传说，对于我们心理助人者是有借鉴体会意义的。当然心理能力的成长的具体方便，

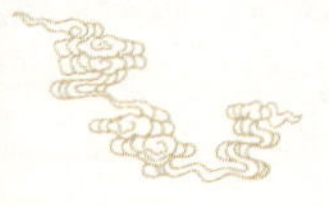

还包括对生命的返身思考、精神分析体验、禅修、聚焦、阅读等其他具体方法。

五、结语

在十一面观世音菩萨的本生传说中，其立誓、动摇、重生的心理发展模型对心理助人者的共情能力的成熟化的心路历程具有指导和领悟的意义。

而佛教神话与传说，作为人类共有智慧，曾经对古代中国人的生活提供了信仰的示范和生活的指导。近现代中国社会受到欧美社会文化的冲击，并且正在被动或主动进入全球化的时代，在此背景下，佛教神话和传说为寻求亚洲和中国文化的传统智慧，以确立全球化进程中中国人现代生活和工作的位置，提供了无尽的智慧宝藏。而对正在成长的中国心理助人者，这些智慧的隐喻更加应该被重视、理解并详细探讨。同时这对人类社会的发展也会产生贡献。

第十三章 自我与无我：心理疾患等与佛学
——兼与杰克·安格勒博士商榷

“自我”是现代心理学研究的核心之一，而“无我”则是佛学研究的核心之一。自我与“无我”的关系，一直困扰着佛学与心理学之间的对话。杰克·安格勒博士在《精神分析与佛学：展开的对话》一书中阐述了“先‘有我’，再‘无我’”的著名观点，在提出之后也被广泛引用。虽然一开始我也有些谨慎的同意这一观点，但随着对佛学与精神分析比较的深入研究，发现这一命题可能会混淆佛学的立场，而导致根本性的对话错误。

所以在2015年第五届戒幢论坛——佛学与心理治疗对话论坛会议上，我对此撰文研讨了其中的差异和误解。

在传统佛教传入西方的过程中，产生了多样化的对话思考，特别如佛学的西方化、现代心理学着意诠释佛学以适应学科本身的发展，传统佛学与欧美当地文化及其价值观产生融合和演变，而这些融合和演变的结果随着时间的推移在当代又开始回传亚洲，对亚洲传统佛学及现代思想形成冲击和推进，进而产生传统佛教以反身研讨并给予回复的过程。

在这诸多互动中，“无我”就是其中一个关键性的研讨点。一些精神分析学者在整合佛学的“无我”与心理学的对话过程中，试图将“无我”的概念与临床心理治疗过程相衔接，并有效指导禅修的筛选和临床工作，例如杰克·安格勒，他提出了“从‘有我’到‘无我’”的著名观点，这是一个十分有意义的视角，同时也是进一步促进对话的过程性基石。在笔者看来，此观点有其意义，但也需要被重新理解和做某些修正，不然将产生某些严重的误导。

一、“无我”

“无我”是佛学的关键哲理，“诸法无我”乃是佛教著名三根本法印之一，在佛陀成道后在鹿野苑的第二次讲法的《无我经》中，就阐述了洞察五蕴的“无我”作为佛教证悟的关键。

诸法“无我”，是指一切现象都是因缘和合，所以其间并没有一主宰者。“无我”，也解释为“不自在相为无我相”“以一切现象

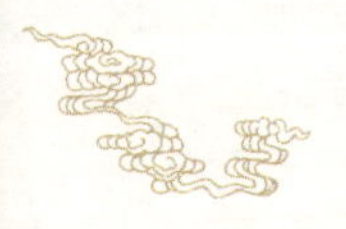

生灭变易的无常、数数逼恼的发生为无我”。觉音(1995)在著名的《瑜伽师地论》中则阐述为,“补特伽罗无我者,谓离一切缘生行外,别有实我,不可得故;法无我者,谓即一切缘生诸行性,非实我,是无常故”。佛学传统强调,由禅观对一切现象的洞察,体悟一切现象“无我”的因缘自然规律,而证解脱(弥勒菩萨,2012)。

“无我”由于与一般世间的用语习惯不同,所以比较难被接受,并经常让人产生误解。典型的对“无我”的误解,是认为“无我”是某种精神状态,或将“忘我”或者体验到融合等感受当作“无我”;也有对“无我”概念知见上的作意理解,以为证悟;还有一些严重的患者也会陈述“无我”的经验,但同样的,这也是一种感受,并非真正的“无我”。

二、杰克·安格勒:“有我”到“无我”的禅修过程

哈佛大学的精神分析家杰克·安格勒,同时也是佛教观禅在美国的重要推动者。他有着丰富的临床心理治疗经验,他观察到在禅修教学中,不少严重的精神疾患者——如边缘人格障碍的来访者——在禅观“无我”的过程中,可能会产生人格退行或者防御症状内核的各种风险,严重的甚至可能引起精神崩溃。所以他结合精神分析人格理论提出,这些来访者在禅修前需要先进行心理治疗,而并不适合直接进入禅观。这一观点十分具有针对性和建设性。的确对于有些过于严重的心理疾病和精神障碍患者,贸然进入禅修是会有巨大精神风险的。在有经验的心理师、精神科医生和禅修指导老师的经验中,这是可能发生的。所以安格勒提出的这一观点是十分具有价值的。但杰克·安格勒接着提出了

十分重要且日后非常著名的观点——从"有我"到"无我"的禅修历程(杰瑞米,2012;杰克·安格勒,2015)。因为那些严重如边缘乃至精神病性的来访者,并没有自我边界可言——也类似于"无我",如果让他们去观察身心及一切现象"无我",反而会瓦解他们的边界。所以需要先通过心理治疗帮助他们建立起自我,再在自我的基础上禅观"无我"才能更加顺利和没有风险。笔者最初认为这是一个有意义的观点,但在对此观点的前提假设的思考中,则视之为一种探索性的表达,至少是安格勒博士努力在试图面对禅修中所发生的临床问题提出理论的结构。但其理论过度线性陈述。而忽视了佛学视角对边缘性或者精神病性问题的可能理解。

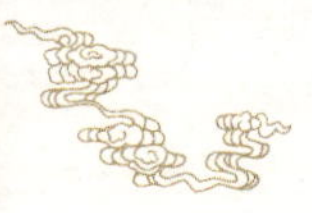

三、重新视角：边缘人格障碍等是否是“无我”

边缘人格障碍患者及更严重的精神病性患者（南希·麦克威廉姆斯，2015），究竟是“无我”，还是“有我”呢？如果从佛学角度来检视，这些病人应该是“有我”，而不是“无我”。这种“有我”，是过度的“有我”或者是原始的“有我”，他们在心理发展的早期阶段，存在自我边界没有被区分的严重心理发展问题。如弗洛伊德所发现的，婴儿期或者退行到婴儿期、童年早期的病人，会出现全能自恋的现象（西尔维娅·布洛迪，2014），觉得能全能掌控世界等，这种全能感一部分是先天原始全能自恋感的表现，一部分也可能是为了防止人格崩解所出现的全能自恋的防御表现。对婴儿和早期儿童来说，这些现象是过渡性的，而在成人患者或者在治疗、禅修过程中退行的患者来说，这些现象就是病理性的。正因为他们的自我是没有边界感或者是边界混淆的，所以很容易让观察者觉得他们的内在结构是“无我”的；同时，这些病人也经常用“无我”这样的类似概念来防御自身内部的病理层面，所以更加容易让观察者误解他们是“无我”。实际他们的内在结构具有十分强烈的自我，这种自我内核充满着被创伤压抑的未经挫折的全能自恋——无边界的自我感，而且远远胜于常态适应生活者的自我。所以这些患者并不是“无我”，而是有全能自我，因为没有自他边界的“无我”，其实就是大我，是全能掌控的追求。这些“无我”态的患者，需要建立适应性自我才能比较顺利的禅修。

在佛学中，虽然没有病理学的理论，但在基本的阿毗达摩讨论中，会注意到其实贪嗔痴的过度强盛会引起严重的心理混乱。这可以引发对安格勒所谓边缘障碍需要建立自我的认识。

四、结论

安格勒在文献中所提出的从“有我”到“无我”的禅观观点，在佛教传统哲学上是无法通过的，因为诸法“无我”，并不是说是从自我修炼到“无我”，而是阐述一切现象由于因缘条件和合聚散的过程，本来就是“无我”的。安格勒这样的阐述，试图探索性地提出一个有益禅修指导和临床心理治疗的观点，有其意义所在，但在发展心理学的表述上有其西方文化背景下的习惯表达自我的价值观在。但安格勒所阐述的，一些边缘性障碍患者和精神病性障碍患者在禅修前或者至少同步需要接受心理治疗的意见，是十分中肯的，因为他们需要建立适应性的常态自我。这对目前流行的“正念似乎对所有病人都有效”的观点是一个重要的提醒。

而在佛学看来，边缘性障碍、精神病性问题患者所表现的类似“无我”其实是过度执着自我的表现，和佛学传统所阐述的“无我”这一真理性的因缘自然的规律，是有巨大区别的，不能混淆。证悟“无我”，是理解宇宙和生命是因缘条件聚合的生起和消失，其中没有主宰者存在。“以无所得故。菩提萨埵，依般若波罗蜜多故，心无挂碍。无挂碍故，无有恐怖，远离颠倒梦想，究竟涅槃”。

参考文献

1. 弗洛伊德著，车文博主编：《弗洛伊德文集》(第二卷)，长春出版社1998年版，第654页。
2. 南希·麦克威廉姆斯著，鲁小华等译：《精神分析诊断：理解人格结构》，中国轻工业出版社2015年版，第63、67页。
3. 弥勒菩萨著，玄奘法师译：《瑜伽师地论：卷九十三》，西北大学出版社2012年版。
4. 觉音著，叶均译：《清净道论》，中国佛教文化研究所1995年版，第566、600、605页。
5. 杰克·安格勒著，李孟浩译：《意识的转化》，东方出版中心2015年版，第1—26页。
6. 杰瑞米主编，张天布等译：《精神分析与佛学：展开的对话》，东方出版中心2012年版，第29—86页。
7. 西尔维娅·布洛迪著，王立涛等译：《我的童年受伤了：婴儿全能感与童年冲突》，世界图书出版公司2014年版，第3页。

第四编

正念：来自佛学与心理学的讨论

正念 (Mindfulness) 是目前国际心理学界最热门的词之一，也是最热门的研究之一，从2000年至今，发表在各种国际科学界核心期刊的关于正念的实证研究的论文正在以几何级数增长。

正念最早被实际运用，得益于美国麻省大学乔·卡巴金 (Jon Kabt-Zinn) 博士的正念减压中心的建立及推广。2011年11月，我和一些国内心理学家与卡巴金在苏州见面，愉快地深谈了几天，这段经历帮助我们更好地了解卡巴金提倡正念的内涵，纠正了国内原先对正念的某些误解。卡巴金的正念减压课程 (Mindfulness-Based Stress Reduction, MBSR) 来源于中国禅宗的“禅”(曹洞的默照禅)，也吸收了缅甸、泰国内观的一些形式，同时也配合了一些瑜伽的动态体操练习。卡巴金在交流中，甚至建议中国其实可以考虑用太极拳来替代瑜伽，发展一种太极拳正念。卡巴金将自己发展的正念减压课程首先作为一种自我教育策略和公共卫生健康策略进行普及，而不是一种心理疗法，虽然他同意正念减压课程具有某种心理治疗的效果。

卡巴金的一些心理学的同事和学生，后来在正念减压课程的基础上，结合临床心理治疗的动态，发展了新一代的认知行为主义心理疗法，如正念认知疗法 (Mindful-Based Cognitive Therapy, MBCT)、辩证行为疗法 (Dialectical Behavior Therapy, DBT)、接受与实现疗法 (Acceptance and Commitment Therapy, ACT) 等。

目前正念减压课程除了在心理治疗界，还在教育界、医学界、公共卫生健康策略上得到很大的关注。在教育界，正念被用于培养反思型教师和增强学生的注意力与反思能力，而这都是当代学科所需要的心理素质；在医学界，正念对康复医学有协助作用。

但即使如此，正念是否是有百利无一害的？正念是否有其适应证？正念背景中的宗教成分如何与其在教育界、医学界、公共卫生界的应用进行划分，让正念的传播最后不至于变成强制性的传教？正念的练习是否存在产生负面效果的可能？还有一些个人或企业为了商业利益将自己与正念这样的名词挂钩混淆在一起，也引起了许多误导，而这些又将如何面对和澄清？这些都是我们所面临的问题，是需要各个学科广泛讨论和继续研究的。值得欣喜的是，目前国际上的一些心理学家已经开始对此展开讨论。

正念同样是我在“佛学与心理治疗对话”课题中思考的另一个重要方面。本编汇集了《关于正念》《正念在心理治疗中的发展历史》两篇演讲稿，《穿越和当下：临床对话过程中正念的运用》《慈心在正念中的运用》两篇研究论文。其中《关于正念》《正念在心理治疗中的发展历史》两篇稍有重复，经过反复斟酌，为了保证各自文稿思路的完整性，还是保留了重复的部分。

第十四章 关于正念

2008年，在苏州戒幢佛学研究所举办了第三届戒幢论坛暨第一届佛学与心理治疗对话论坛，来自中国佛学界和心理治疗界、精神医学界的20多位教授和老师参与了会议。本届会议是佛学与心理学双方开始接触并且倾听对方的一次尝试，对之后佛学与心理治疗对话的展开意义重大。

本章是我在此次论坛上的发言，从佛学与心理治疗两个方面对正念这一主题进行比对，比较详细地介绍了正念的起源及其根本形式、核心原则，最后还就在临床心理治疗中运用正念的一些经验和专家讨论，也加深了心理学家和佛学家对彼此兴趣点和目标的了解。

同时，我先十分郑重地声明一下，无论佛学还是心理治疗的正念与当下流行的灵修是有重大区别的，正念是一种清晰的存在状态的练习，有悠久的传统，目前也有许多科学研究证明了其效果。灵修大概源于西方嬉皮士运动和之后的新时代灵性运动，往往都是新兴的没有太多检验的精神练习形式（例如奥修、赛斯、奇迹课程、深层沟通等），其中个别的练习甚至会导致一些精神问题，所以是有极大的精神风险性的，中国台湾、香港地区以及上海等地曾经发生过不少因灵修练习而导致出现精神问题的案例。作为专业心理学家的我是不支持灵修的。希望专业读者对此能够清晰区分、谨慎对待。

今天，我给大家介绍正念。我会从两个方向来介绍：一个是佛学的方向，与内观有关；另一个是心理治疗的方向。

一、何谓正念

首先要解释一下“正念”的“正”字。大家千万不要把它理解成“正义”或者“善”。“正念”的“正”，在古印度的含义更接近于“如实”，就是一件事情的实际。比如你的手碰到了火，觉得烫，那种烫的感觉是实际的。这个“正”不是“善”的意思，一旦把它理解为“善”，就会落入分别。

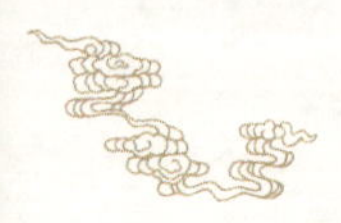

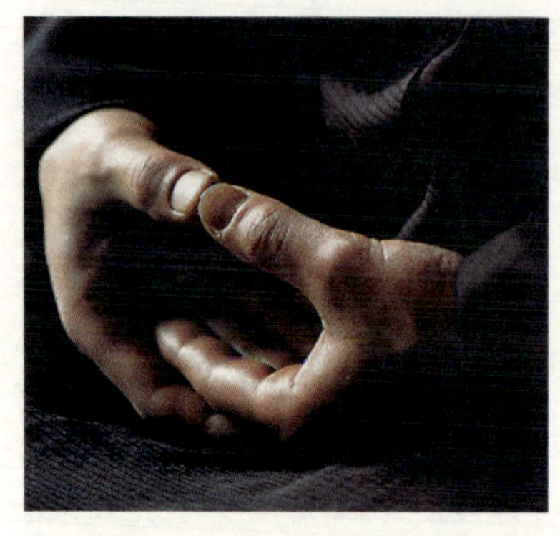

正念，古印度的巴利语写作sati，英语写作mindfulness，是现在很时髦的一个词。在巴利语里，sati这个词包含7种含义：随念、记忆、觉察、忆起、忆持、紧系目标、不忘。目前在西方比较流行的正念，并不包含正念的全部含义，其中最重要的是内观。内观，意为如其实际地看，它是正念的核心内容。

正念、内观，在佛陀处世之前是没有的。释迦牟尼佛成道之后，这个方法才开始传授。此前，在印度虽然已有许多种冥想的方法，但没有正念这种方式。

《大毗婆沙论》中说，佛陀成道之后，在鹿野苑开始教授正念的禅观。到了公元前300年左右，随着阿育王的影响扩大，正念的方法在东南亚地区和中亚地区开始流传。印度佛学在公元15世纪消失之后，中国、缅甸等地保留了正念的训练方法。

正念在中国的本土化，形成了著名的禅宗，从菩提达摩开始，到六祖慧能、神会等发扬光大。而目前对西方有影响的禅宗形式，是唐宋之间韩国和日本留学生学习回去的韩国禅和日本禅。西方正念的起源相当部分是与近代日韩禅宗在美国的传播有关。

正念被现代人广泛得知，还与几位缅甸长老有关，比如缅甸的马哈希长老。以前，正念、内观的方法一般主要是用于僧团内部教学，对僧团之外的教学是比较谨慎的。但是，从马哈希长老开始，他在缅甸对民间的居士们教授这种方法，随后就是大规模地普及。

在缅甸有1 000 ～ 2 000个闭关中心，都是当初马哈希与缅甸政府建立的。1956年之后，这种方法开始影响到欧美社会，马哈希本人曾经到哈佛大学等校去教授正念，并与许多心理学家一起工作。马哈希推荐了许多修行正念多年的人，让他们做相关的心理测试，来检验他们的心理健康程度和心理和谐程度、心理专注程度，检验出来的结果都非常好。还有一个影响比较大的人物是葛印卡。葛印卡的禅观，在一些西方国家有传授，在中国也有传授。通过日韩禅师、缅甸禅师等的介绍，西方的心理学界和医学界对正念有了相当的了解，接下去就开始了正念的教学。

马哈希长老（1904—1982）

二、正念的目的

正念的目的，是佛学里面的一个重要目的：为了如其实际地了解身心、事物。

按照佛学的观点，我们的身心是因缘编织起来的一个产物。我们的生命，是由父母提供受精卵，并因神识投胎而产生。这其中并没有一个主宰者存在，没有一个绝对的自我在永恒地控制着。既然如此，我们的身心现象实际上是一个变迁的过程。这个道理在佛学经典《无我经》里面讲得很清楚，《无我经》是佛陀在鹿野

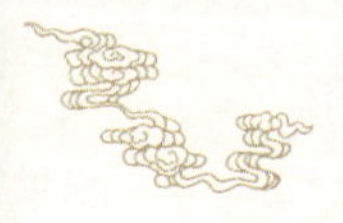

苑讲的第二部经。

我们如果认为我们的身体就是"我"，而且是能够控制的，为什么我们刚生出来的时候很小，后来却像面粉发酵了一样变得很大？这个过程，并不是我们自己能够完全主宰的，它是一个自然的、因缘的过程。而我们的心念和感受，也就是精神的部分，其中也没有一个绝对的控制者。比如现在我们大家在这里讨论着，西园寺给我们提供的这个环境比较安宁，大家可能觉得很放松、很舒适。但是，如果现在这个房间突然着火了，而且门已经被堵上了，我们所有人都出不去，那我们心里的感觉就会立即发生变化，紧张感、焦虑感都出来了。我们会发现，我们的感觉是受因缘条件的影响而变化的。

南传佛学里有这样的内容——我们一般人都有一个通例，就是希望这个世界能够完全符合我的想法。但这个世界是因缘编织的，有的时候符合我们的想法，有的时候不符合。当我们觉得世界与自己的想法不符合的时候，就会有很多烦恼生起。正念，使人能够了解这个世界的自然规律。它的因缘规律就是如此，你应该如其实际地去了解。当你了解世界就是这样的时候，就会放下"世界要符合自己想法"的控制感，你就从这种感觉里面解脱出来了。

关于这一点，2 000多年前佛陀开发了具体的修行方法，在南传的《大念处经》中有记载。《大念处经》的内容在汉传佛学里也有，就是《四念处经》。

佛陀教导比丘们，一个人观察自己的身体，时时彻知无常，也就是了解身体的自然规律是无常变化的，没有主宰的特性。当一个人能够这样地了解自己身心特性的时候，就能够放弃对身心的执着。这就是四念处中的内容。四念处包括身、受、心、法，这个方法就是我们后来所谓的正念里面的内观。相关的经文篇幅很长，我现在只是举出了其中很短的一段内容。

可能很多人觉得,正念这个概念很不容易把握。实际上,练习正念的第一步很容易。大家现在知道自己的身体,此时此刻以什么姿势坐着吧?刚才在我问这个问题之前,你们意识到了吗?有人可能意识到了,有人可能没意识到。没意识到的人,可能当时你们的正念在我的话语里面,而没有观察自己。

这就是身念处所需要的观察。我请你们注意自己的身体之前,你们的心可能在别的地方飘移。我一说请你们注意自己的身体,你们的思想开始集中到自己的身上了,一下子发现,好像自己的身体突然以某种姿势出现了。并不是你意识到了它才出现,实际上,它之前就是这样的,只是我们没有注意它,没有观察它而已。

正念,就是这样开始的。你可以先注意自己的身体,注意身体的感受。这样注意着时,你会发现一个现象,就是你的心会跑开。过了一会儿,它就迁移了,想别的事情去了。

练习打坐的人,经常有一个问题,他们会说练习打坐很累。为什么累呢?“因为我的心一会儿想这,一会儿想那,我想不让它想,怎么办?”

还有许多人说,练习打坐之前我很平静,但一练习打坐,就觉得自己心里面的想法多得不得了,简直不知如何是好,然后这个人就会开始试图去控制他的想法。

到了这个阶段,正念引导的第二部分就开始了。

练习正念,大家可以从注意自己的身体姿势开始,也可以从注意自己的呼吸开始。

但大家不要误解,以为练习正念就是要注意呼吸或者注意腹部起伏,这完全不是练习正念的目的。练习正念的目的是让你明白身心并没有一个绝对的主宰。

如果你认为身体是你的，呼吸是你的，那么大家试试看，你吸进去一口气，然后能憋多久？憋到后来，那口气你能控制得住吗？一般用不了1分钟，最多几分钟，你那口气一定得吐掉。同样地，你也没办法不吸气。这里有一个自然的因果规律在运作，但没有一个主宰者。

也经常有人误解，以为正念只是觉察。不对。如果只是觉察，外道也有，但外道的觉察不包括理解。还有，许多人以为练习正念的最后目标，就是每时每刻都保持一种很紧张的觉察。那样的话，人就不是追求解脱了，而是非发疯不可。

正念实际上包含着两个含义：一是觉察；二是理解。你要去理解发生了什么。

我们刚才谈到注意自己的呼吸，或者注意腹部的一起一伏。在这样练习的过程中，你会发现自己的心总是跑掉。那么，你要接纳性地去了解它。你要理解，心跑掉了，并不是你有什么不对。修定的时候，心不应该跑掉，但是做正念的时候，心跑掉是无所谓的。

但是，也不是说你应该放任你的心乱跑，无所作为。那样也就谈不上练习了。心跑掉了，你要了解，这就是心的规律，心就是这么变来变去的，它当中没有一个主宰者。当你能够这样了解的时候，你就能以平等的心去对待身体的变化，也能够以平等的心去对待心念变来变去这个现象。

你会了解到，原来心真的如同佛说的那样，确实是没有主宰的。当你了解这一点，你就会产生一种释然的感觉。

我们要理解，身心的变化有它的自然规律，不要去预期什么其他的状态，认为我应该怎么样，或者我能够怎么样，就掉到烦恼心里面了。任何事情不符合自己的预期，就会开始有很多烦恼。正念，提供了一个可操作性的方法，用以澄清这样一种现象。

然而，并不是说我们知道了这个道理就可以了。因为大家的内心都有一些习惯性的势力，不愿意这么认知。知道了道理之后，每天都要这么练习，从觉察和理解双方面了解身心当中没有一个主宰者，有的只是自动的因果编织的规律。

彻底了解这一点之后，就开始真正进入内观或者正念的修持。这个阶段叫作安置平整期。

练习的时候，对于你心里出现的好的想法、符合你预期的想法，你要轻轻地看着它，了解它就是一个想法，没有任何更多的意义。当你的心中出现不良感觉的时候，你也要了解，这个感觉实际上并没有那么不好，你应该同样地以平等心去看待它。

如果你今天这样预期："我打坐要有好的感觉"，却发现今天并没有好的感觉，实际上不是坏事。那说明了什么？说明这个身心不是你主宰的。到了明天打坐的时候，也许你以为，肯定依然会有坏的感觉，却突然有好的感觉了，那就说明，坏的感觉也不是永恒不变的。

当一个人能够了解这样的现象的时候，他就不会趋乐避苦。

打坐练习正念的时候，往往是这样的：你越想平静，你越烦躁。你坐着，发现自己静不下来，就会恼火，一恼火，越发静不下来了，于是你更恼火。接下来你就被烦恼卷进去了，越卷越深，进入了一个烦恼的圈套。

总之，正念，就是觉察身心变化和理解身心变化的实况。一旦了解之后，就像《阿含经》里面说的，你就放下了对身心的执取，因为你了解了因果的规律。

你轻轻地注意自己的身体和呼吸，过一会儿，你出现了什么想法或者感受，你只要了解它就可以了。对身心两种现象，你要如其实际地，也就是像它原来的那个样子一样地去理解，然后去接纳。

心念，就像海浪。台风到来的时候，我们看到海浪很大；海面上没有什么风波的时候，我们又会觉得海浪很平静。正念要让你了解的就是，实际上并不存在平静的海浪和很大的海浪，所有的海浪不过是水而已。

当你慢慢有了这样的了解，你的身心反而会平静。

三、正念在西方的临床运用

在西方，正念的教学里有一个重要人物，就是乔·卡巴金（Jon Kabat-Zinn）。他在美国麻省大学压力管理中心用内观禅治疗疾病，完成了几个心理学上里程碑式的实验。

比如说，他研究对牛皮癣患者的治疗。通常对牛皮癣患者只能用日光照射的方法治疗。他把患者分成两个组，一组只用日光

第三届戒幢论坛暨第一届佛学与心理治疗对话论坛会场

照射治疗；另一组在用日光照射治疗的同时，也用内观练习。6个月之后，练习内观的那一组康复率要高很多，大概高40%。

然后他对化疗之后的绝症病人也进行了类似的研究，测试结果证明，练习内观对绝症病人也很有帮助。

我有一个亲戚也是类似的情况。前段时间，他由于晚期胃癌开刀，并且做化疗。化疗对人体的影响很大。从那个时候开始，我教他练习正念。他练习了3个月之后，抵抗化疗的反应变得很好。虽然他也有痛苦，但是他能够接纳地、轻松地去面对整个事情。

济群法师经常提到“种子生现行，现行熏种子”。如果设法让烦恼不起现行，人就能够从这个过程里面学到很多东西。

在宾夕法尼亚大学，研究人员对内观者做了脑部实验，进行了脑部的扫描。被扫描的几位修行者都做了20年的内观。结果发现，他们大脑里面，与情绪调节有关的还有与人的幸福感有关的部位，比平常的人大一倍。

西方新近开发出的一系列心理疗法中，很多都与佛学的正念、内观有关系，其中包括辩证行为疗法、接受与实现疗法、内观认知疗法、聚焦体验疗法等。

其中，内观认知疗法就是教来访者进行内观的训练。用8周时间进行正念训练，训练完毕之后，再由辅导老师进行辅导。对于病人的转变，有许多定量的研究，这些研究的数据在西方心理学界看来是有说服力的，是无可挑剔的。

四、交流临床心得

我想与大家交流一些临床运用中的心得。正念这种方法，可以直接让来访者运用。

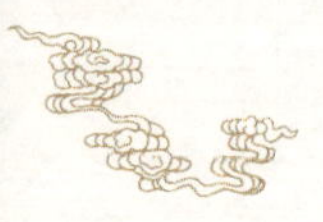

我有一位来访者是焦虑性的，还有一位来访者是强迫性的，我就直接教他们练习正念的方法。做了十几周之后，他们的焦虑症状和强迫症状全部消失。这是他们自己愿意直接练习的情况。

但是，大部分来进行心理咨询的病人，不愿意直接练习正念。那么，可以策略性地运用正念。不需要教他们正念，不需要让他们打坐，而是用正念思想的一部分，对他们的某一个心念进行处理。如果他们对好的想法或者坏的感受能够以平等的心态去练习着接纳，就会产生效果。

我有一个来访者，他总是脸红，比如上台讲点什么，他就会脸红。我们就练习正念。我让他每天回去之后感受自己脸红的感觉。每次上台之前，也一定要对他的脸红保持正念。当他保持正念的时候，他的脸红不起来了。之后我给他布置了第二项作业：当他在无防备的情况下突然脸红了，那就一定要尽量长时间地保持脸红。当他以接纳的心态去保持这种状态的时候，他就不再脸红了。这样一来，他脸红的时候，也就坦然了。因为他了解了：脸红就是他身心的一部分。当他这样了解的时候，就不再需要治疗。

实际上，他自己治疗了自己。

所有的心念，不管是好的还是坏的，都是无常的。它都会过去的，它都会变化的。

那些病人，往往是当好的心念出现的时候，他拼命要执取这个心念；当坏的心念出现的时候，他拼命地想让这个心念消失。可是，他越想让坏的心念消失，这个心念越消失不了，它反而被加强了。这里出现了一个悖论：越想平静，越不平静；不想平静，反而可能平静下来。

西藏有一句俗语："水不搅它，它自沉；心不整它，它自明。"一杯水，如果里面都是泥，你不搅动，泥就会自然沉淀，泥、水就分开了。对心也是一样。你如果不加整治、不加克服，而是了解它的本性，你会发现更容易触及心的本质。

当然，了解自己的心需要一个过程。临床运用正念的方法时，要现场发挥，灵活运用。正念的方法，在西方心理学的运用中，最主要的一个原则就是：有问题要解决问题。还有，如果用错误的方法去解决问题，那你就会越解决越错误。

关于正念，有一个比喻。一条眼镜蛇盘在你面前，你想赶它走，它就立即咬你。但让你欢迎这个眼镜蛇，肯定也不行。这时候，你最好的办法是：了解它是一条眼镜蛇，它的本性就是如此。当你了解它，你就会发现，过一会儿，那条眼镜蛇自己就游走了。实际上心的规律就是如此。正念就是要帮助大家了解身心的规律，包括在临床中如何运用这样的规律。

五、现场讨论

与会者A：据我了解，大乘佛法的修行在相关理论上有明确界定，就是要修戒、定、慧三学，要有正确的发心，要修行6种波罗蜜多，还要修空性的见地。请问，内观与大乘佛法的修行方法有什么关联？内观是否不强调见地？四念处是不是可以取代大乘佛学的修行方法？或是它们可以互相补充？还是说，修内观只能达到一个阶段性的修行目标？

徐钧：建议你进一步地学习佛学的教法。当你有了正确的了解之后，这些问题自然会破解的。

与会者A：我想先作这样的理论思考，就像想要知道一列火车是开到哪里的，我再决定是否上车。它是开到天津就停下来了，还是直接可以开到北京？据南传佛学的大师说，修内观一直可以

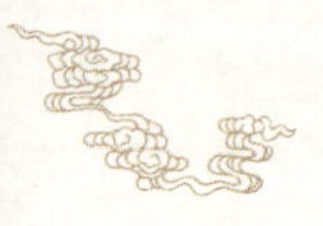

修到阿罗汉。我姑且赞同这句话，那么，接下来还是这个问题：它是不是能够取代戒、定、慧？不知你对这些问题是否思考过？

徐钧：四念处并非不强调见。它很强调缘起见。这是第一个问题。

刚才说到的第二个问题是，四念处与戒、定、慧三学的关系。有时候，人们对南传佛学的四念处有所误解，有些人以为四念处是独立的东西。实际上，四念处并不是独立的，它与戒、定、慧也不是能够截然分开的概念。四念处其实就是把止观合在一起讲，而止观离不开定与慧。如果要把四念处修齐全，肯定也要有一些基本的戒律基础。

第三个问题，关于空性。在汉传佛学里边，多观空的修行方法比较多。南传的内观实修，有点接近于无相解脱门和无愿解脱门，多观无常和苦。南传佛学里也有观空的修行方法，只是很少。多观无常和苦，这里面通常带有二元见。对于心理学或者对于修持的开始，我觉得这样的方法是合适的。因为如果一上来就进入空观，一般人可能连方向都没有了。从观无常开始，可能比较容易入手。但是，修行者的能力成熟之后，就应该从信行者成为法行者，这是《杂阿含经》里提到的。—这是我个人的一些思考，不一定全面。

与会者B：我想了解一下四念处的修行中“观身不净”的内容。

徐钧：观身不净，不是现在南传佛学四念处中的必修内容。那是说一切有部在《大毗婆沙论》里面教学的四念处的内容。说一切有部的修持方法，现在比较少见了。

我刚才说的四念处，是南传佛学里面的四念处，它是做纯观的，就是观身心无常、苦、“无我”，不单指观身不净。而有部所说的四念处，实际上每一个内容都可以独立修。

与会者B：我没有观察到身是不净的，反而觉得它可爱，这是不是修偏了？

徐钧：这要看你具体是怎么观的了。有时候，你未必需要观身不净。观身的目的，也不是要观你漂亮不漂亮。在人我见上观察，是没有意思的。

观察自身的时候，不是拿一面镜子照自己，也不是想象自己。是要如其实际地观察身心的现象，比如注意自己的呼吸。呼吸是很中性的，我们对呼吸一般不会喜欢，也不会不喜欢，而是会实际地去看它。

与会者C：那么，在您所讲的心理治疗中，并不包括观身不净的内容？

徐钧：也可以把观身不净善巧地用到治疗当中。说到这里，我想起一个治疗案例。

我的一位来访者有暴食症。他能够把给10个人吃的一整桌饭菜全部吃下去，然后就躺在床上爬不起来了，胃痛得简直要胀开。

我用正念的方法治疗这位来访者时，我允许他吃，我准备了3只面包，我们一起吃。我要求他咀嚼食物要有正念，每咀嚼一口都要有正念。咀嚼完了之后，我说把它吐出来。我们把咀嚼过的面包吐在手里面，看一看是什么东西，看完了之后，再把它吞进去。我和他一起这样做。他每次来，我们都做这样的练习。把吐出来的食物再次吃进去之后，还可以观察喉部、嘴巴里面那种黏糊糊的感觉，胃部那种暖暖的感觉。一口一口地这样吃着，保持着这种觉察力，对食物的执取就会瓦解掉。这样练习了一周之后，这位来访

者就不再暴食了。

与会者D：对于内观的方法，我曾学习过10天。有一位老师说，我学习时间太短了，不能教别人这种方法。

徐钧：那位老师讲的，我感觉是对的。内观的学习，仅仅10天是不够的。在佛学里面，学习内观至少要一两年，而且要在好的老师的指导下，进行一年以上的训练，然后再看你掌握的程度怎么样。

如果刚学完这种方法，就直接教来访者的话：首先，来访者会觉得你在控制他；其次，采用这种方法，可能出现许多身心景象，如果你没有彻底了解这种方法就去教学，一旦来访者出现了什么景象，你就没办法面对和处理了。那么，对来访者来说，是有危险的。

另外，我个人有一个感觉：用正念做治疗，治疗师本身一定要练习正念。如果治疗师本身不练习正念的话，他就没办法真正地认同和理解这种方法，或是他认同之后也没办法掌握。

李孟潮：在欧美，如果要用正念、内观这些方法来做心理治疗，首先你自己要接受训练。可能要训练8周左右的时间，你才有可能独立掌握这样的方法。如果想要运用，需要训练更长时间，大概是一两年。如果未经训练就试图运用这样的方法，风险很大。

在美国，对正念疗法有相关规定。治疗师自己每天要进行40～50分钟的内观训练。而且，之前要做身体扫描，并接受相当长时间的培训。

还有，内观会让注意范围和意识范围扩展。有的来访者好不容易把他伤心的往事或者焦虑点克服了，一做内观，他的焦虑可能又会成倍地增加。做过内观的人就知道，头几天会发现自己有那么多的感受和情绪。让来访者出现强烈的情绪，相当于将炸药包引爆。所以，有些非常严肃的来访者不适合做内观，可以采用其他方法。

徐钧：刚才李孟潮老师讲的，使我想起一个问题。我讲的正念、内观的方法，对于有创伤的人来说是不适合做的。比如在汶川地震中受到心理创伤的来访者，绝对不适合这种方法。

对这样的来访者，起初我们只能和他们做"慈悲心""守护"、"安全岛"、放松等。做到一定程度了，他和你的治疗关系也很稳定了，有了这样的基础，才可以开始练习内观。这样的基础可能需要几个月甚至几年的时间来建立。

正念、内观的方法，研究起来很好，但做起来并不那么轻松。实际上，它需要做许多准备，包括你自己要学习，也要对病人进行了解。

与会者E：做内观，要做哪些准备呢？

徐钧：要有好的老师。当然你也可以先看一些书，了解一下，比如罗睺罗尊者的《佛陀的启示》、宗萨仁波切的《正见》。这些书是关于佛学的书，但也不是非得先信仰佛学才可以看。佛学强调逻辑，你觉得道理是这样的，你就可以接受或讨论；你觉得道理不是这样的，不接受也没关系。

徐光兴：精神分裂症患者适合做内观吗？

徐钧：我认为，精神分裂症患者不适合做内观。因为精神分裂症患者的幻想和现实是交织在一起的，做正念、做内观的时候，特别容易调动他内部的那些东西，做着做着，他的思想就"咚"一

下陷入那种状况，现实和幻想分不清，主观和客观也分不清了。

有一位来访者患有精神分裂症，但他刚来的时候我不知道这一点。他说他之所以来做心理咨询，就是要做正念。我问他为什么要做正念，他说他想成佛。我说，我们先聊聊吧。聊到后来，他说他现在每天做正念，感觉很好。我问他感觉怎么好，他说很舒适，我觉得或许做正念对他有用。可是，再问几句，我就发现了问题。他本来每天只吃2粒安定的，他开始做正念之后，自己感觉不好的时候，就开始一天吃16片安定，没有经过医嘱，就这么吃下去。也就是说，实际上他感到的不是禅悦，而是服用大量药物的反应。我建议他，先别做内观了，找专业的精神科医生去讨论一下吧。

对于有精神病史的来访者，做内观一定要特别谨慎。最好征得精神科医生的同意，或者你自己就是精神科的医生，不然的话太危险了。

第十五章 正念在心理治疗中的发展

2010年，在苏州举办心理学家的正念培训工作坊时，我结合2007年在武汉中德心理医院正念工作坊的经验，设计了这次工作坊理论部分的讲座。讲座的内容主要包括：介绍正念的真正内涵、发展历史以及一些简单的练习方法，同时也讨论了用当代心理学的认知科学原理可以怎么理解正念及其与各个心理学分支的整合等问题。

缅甸仰光的禅修中心

在座的同道和同学们这几天一直在进行正念训练。今天，我给大家简要介绍正念在心理治疗中的发展历史。国际心理学界和脑科学研究界早已大量运用正念，然而目前中国的心理学界对正念还运用得比较少。

一、止禅与观禅

正念，巴利文Sati，Sati包括7种含义：随念、记忆、觉察、忆起、忆持、紧系目标、不忘。

正念有两种成分：止禅与观禅。它们的区别，西方人用了几十年时间才弄明白。起初许多西方的心理学家不了解止禅和观禅的区别，以为佛学的观禅就是在打坐中把心专注在一个目标上面，其实那是专注一境的止禅修法。

在这次禅修营中所学的正念（或译为内观）的方法，以及现在西方心理学界广泛运用的内观，都不属于止禅，而属于观禅。

止禅不仅仅在佛学中独有，而是东方很多宗教都有的内容。大家听说过道教的"意守丹田"吗？那就可以算是一种止禅的修习。真正有佛学特点的内容是观禅。

观禅，就是出现什么就要观察什么，对于身心中出现的自然运作状态都要观察到，如其实际地观察。

我曾经遇到一个人，他说自己学习了内观之后，看到任何东西都马上想："这是无常的。"我觉得他训练的是一种概念，是一种执着，并不是真正的正念。正念，应该对身心在自然的运作当中发生的任何现象都能立即产生观照，发现这些现象在流淌，每一刹那都在流淌。

当你静静地坐着，好像是不动的，但你会发现你的身心状态在变化，你注意的目标也在变化，这样的修行最终可以让我们彻知无常。

这说起来似乎很简单。但在具体的禅修当中，你肯定会经常犯糊涂，很容易绕进去，搞不清楚某些现象到底是无常的还是常的。在这几天当中，如果你们感觉自己绕进去了，要在小参的时候告诉宗净法师，他可能会帮助你们变得清醒一点。过一段时间，你通常会又一次绕进去。如此反反复复，你对身心会越来越了解，这种了解对心理学是特别有帮助的。

二、内观和禅

公元前589年，释迦牟尼佛在古印度开始了关于内观练习的教学。在公元前300年前后，斯里兰卡、缅甸等地也开始流传这种方法。在印度佛学灭亡后，缅甸等地区保留了内观的训练方法。

1940年前后，缅甸的马哈希尊者开始大规模普及正念禅法，这在很多国家都造成了非常大的影响，在1956年后，哈佛大学等很多西方的著名学校也因此开始引入正念的训练。马哈希尊者传

缅甸蒲甘

授的一个比较容易入手的修习方法，也就是宗净法师这几天教你们的，从观察腹部的起伏开始。这种方法是马哈希尊者从他的老师明空·西亚多那里学到的。

在中国、韩国、日本等汉文化影响地区，正念以禅的形式传播甚广。这是从菩提达摩传来中国，然后由慧能等发扬光大的中国化的正念。

传统的修习正念的方法——安那般那念，也就是数息，做起来可能会有一些困难，尤其是对于现代人来说。为什么呢？因为现代教育发达，信息爆炸，大家普遍用脑过度，大脑里总是习惯于激烈地运作。做安那般那念的时候，需要注意自己的鼻端，鼻端距离脑部很近，人们在这样做的时候，思想容易紧张。具体表现就是可能会感觉到脸麻、呼吸不畅、血往上涌，甚至产生神经性头痛等副作用。

还有，呼吸在鼻端的感觉比较微细，有些人觉察不到，而从腹部开始观察就容易多了。

三、正念进入西方心理治疗界

谈到禅修在心理学界的影响，还要提到一个人：阿姜查尊者。他是泰国的著名法师，在泰国北部的巴蓬寺建立了国际禅林，许多欧美国家的人在那里出家，他的禅法由此流传到西方。

还有一位尊者，雪吴敏尊者，他是马哈希尊者的弟子，后来自己独立出来了。雪吴敏尊者教授的禅观就是心念处禅观，对心理学也影响不小。

对于传统的正念修习和现代心理学的交接，马哈希、阿姜查、雪吴敏三位尊者起到了桥梁的作用。

正念正式进入西方心理学界，最主要拜托这几位——乔·卡巴金（Jon Kabat-Zinn）、杰克·康菲尔德（Jack Kornfield）、杰克·安格勒（Jack Engler）。

杰克·安格勒是马哈希的弟子，他曾在缅甸学习内观禅，后来也成为禅修的导师。他向马哈希尊者学习了一段时间之后，做了两个很著名的关于禅修的科学试验，其中一个实验是“罗夏墨迹”实验——这种实验方法由瑞士精神病学家罗夏创立，通过将一些形状不规则的墨迹图给人观看，测试观看者的真实心理状态。

当初杰克·安格勒和马哈希尊者商量，用科学试验研究佛学禅修的效果。马哈希尊者同意了，从缅甸的僧团里面派出10位出家人作为受试者。罗夏墨迹试验表明，这些受试者的专注力和心境的平静程度都相当好。这次试验的结果在心理学论文中发表出来，有效地证明了禅修的力量，非常鼓舞人心。这是心理学界与佛学界最早的交流活动之一。

卡巴金所做的工作力度更大一些。他学习过中国禅宗的分支：韩国禅，也学习过缅甸的内观禅，后在一些西方著名学校（如麻省理工大学）中教学。西方的科学界和心理学界很重视实证，1980—1990年，麻省理工学院压力治疗中心运用正念练习治疗病人，同时进行了几个里程碑式的疗效研究，引起了巨大的反响。卡巴金根据佛学正念修习方法发展出来的正念课程，在美国心理治疗界也被广泛使用。

其中卡巴金做的一个试验，证明了正念对于难以治愈的牛皮癣有很明显的治疗效果。另一个试验与癌症有关。癌症病人化疗是非常痛苦的，简直是痛不欲生，除了产生生理上的剧烈反应，还很容易导致心理抑郁。卡巴金在试验中给一部分做化疗的癌症病人做禅修训练，发现做正念的病人存活率比不做正念的病人高很

卡巴金与作者合影

多。即使是那些没有康复的病人，面对死亡的心理状态也比一般人平和得多。

如今，卡巴金已成为西方心理学界的领军人物。现在西方心理学界乃至精神医学界都普遍认同了正念疗法，西方不少著名大学中的精神科把正念练习作为一门必修课。

四、几种著名的与正念相关的疗法

以上说的卡巴金与杰克·安格勒，可以算是将正念引入医学界和心理治疗的“祖师爷”，卡巴金的方式是一种教育方式，就是著名的正念减压8周课程（MBSR）。“祖师爷”教出来的著名心理学家如黑兹、李娜翰等，吸收了正念的方法之后，在心理治疗方面创造出接受与实现疗法（ACT）、正念认知疗法（MBCT）、眼动脱敏疗法（EMDR）、辩证行为疗法（DBT）。

戒幢佛学研究所的济群法师正在主持翻译一套佛法与心理治疗的书，其中一本名叫《正念与接受》，内容是这几种疗法的创始人在美国内华达州进行的一次学术座谈。

辩证行为疗法是一种针对性比较强的治疗方法，对人格障碍的病人，特别是情感极端失控和自杀、自伤的病人有很好的效果。李娜翰是辩证行为疗法的创始人。

李娜翰获得了两次美国心理科学奖。她第一次获奖是由于控制情绪的试验。具有人格障碍的人经常情绪失控，李娜翰的一项研究就是运用正念，通过为时8个星期的课程练习，帮助病人控制情绪，结果非常有效。第二次获奖是由于自杀危机控制干预，边缘性人格障碍病人比较冲动，容易出现自杀或自残的想法，而她的疗法对有自杀和自残倾向的病人的控制得特别好。

我以前看到过一个美国的案例：一个病人在情绪很痛苦的时候，会把一种用于头发定型的发胶喷在自己身上，然后点火。发胶是易燃物品，点火之后，他被严重烧伤。这种情况发生的时候，皮肤的疼痛可以缓解他心里的痛苦，因此他在心理上产生一种快意。对于这样的病人，一般的心理疏导技术效果不明显。但是在正念练习的基础上，许多病人的自杀、自残倾向明显减轻。李娜翰的这一创举，当然是一件很有功德的事情。

不过，这件事情为什么可以做得那么好呢？因为李娜翰自己早年就有边缘性人格的素质。她在自我领悟的过程当中，用正念的方法把自己的状态调控好了，所以她有实际经验，得以发展出这样的疗法。

黑兹也曾经有心理障碍，他的问题是语言表达焦虑。他年轻

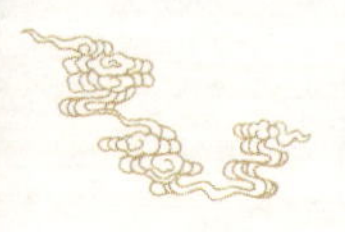

的时候有一次上台讲话，太紧张了，虽然很想说话，但什么话都说不出，当场焦虑发作。那次他非常丢脸，而且从此无法工作，只好在家里休息了两三年。他使用了很多方法，都没能治愈自己，后来采用正念的方法才调整成功，并且演化出一种疗法。我和黑兹通过邮件，他现在一点问题都没有了。

眼动脱敏疗法是夏皮罗发展出来的。当年，夏皮罗博士毕业之后，被查出来患有癌症，精神非常痛苦。一天，她行走在一条林荫道上，走了大约100米，突然发现心情不抑郁了。她很有内省精神，立即思索：发生了什么？她回忆的时候发现，刚才自己走在这条路上的时候，道路两边各有一群小孩在玩耍，使得她的心念不再完全沉浸于痛苦中，内心有许多心念闪过，每一个心念闪过的时候，她都注意到了，但是没有执着于任何一个心念，她的心灵就逐渐平静下来了。

她回去之后，把这一情况跟同事说了，他们就开始做相关试验。

先是“双边刺激”，夏皮罗的烦恼再次生起的时候，让同事站在她的身边，用左手敲她的左肩，用右手敲她的右肩。这样一来，她就不会过度卷入烦恼的心念，但又可以注意着那个心念。于是，那个心念很快就消除了。眼动脱敏疗法就是在这样的基础上发展出来的，很适合治疗心灵创伤。

学习心理学的，应该知道创伤治疗中最难处理的问题——闪回。烦恼的念头会不停地以画面闪回。夏皮罗进行治疗的时候，让一个人保持闪回的片段，然后看着这个片段，让它快速移动。于是，这个人就没有办法再集中在他那个念头上面了，执着也就摆脱了。当然，我现在只是略说这种疗法，大家回去之后可不能就这么简单地直接运用，这种疗法有它的复杂性，运用之前至少需要半个月到一个月的封闭练习。

五、心念的去中心化

关于上述疗法，黑兹用一句话总结："当代的心理治疗，特别是认知治疗，最重要的是用处理正念的方法来处理心理问题。"这种处理方法和以前的心理学处理方法有所不同，关键的特征是"心念的去中心化"。

有临床治疗经验的治疗师，知道关于强迫症最难处理的是什么问题，是"反强迫"——不想强迫思维。事实上，越是不想强迫思维，越是会强迫思维。我有一个病人，心里总想"我有脑瘤"，他不想有个想法，于是压制这个想法，结果立即出现更多"我有脑瘤"的想法，这种情况就叫作"心念的中心化"。焦虑症也有类似特点。

解决方法是心念的去中心化。

六、心念的非主宰性

心念不是为我所有的，不要企图主宰它。

大家练习马哈希禅法的时候，是不是有这种感觉——很想专心地注意腹部起伏，可是过一会儿心就会跑掉，一次又一次地跑掉。"真恨啊！我花了九牛二虎之力要专心，怎么心念又跑掉了！"你这样想，就会产生痛苦，因为这种想法是不如实的。心念是无常的呀！你想强行让心念保持固定不变的状态，结果就是自己跟自己搏斗，最后搏斗得精疲力竭、垂头丧气。

当初释迦牟尼佛在菩提树下坐了7天。有的人就想："我也试试看！虽然不能跟佛陀比，但我要努力，我坐7小时。"上座之后，度日如年，甚至度分如年，刚1个小时，就放弃了"坐7小时"

的决心。

心念是由各种因缘编织的，没有本质。不具备一定的条件，不会产生相关的心念。就像我们现在坐在这里，似乎很平静。但是如果突然着了火，大家还能平静吗？心念肯定就转向了，有些人想“我是不是要死了”，有些人忙着打电话求救，有些人惊慌得哭了。

黑兹说过一个比喻：一位推销员背着许多铁锹准备销售，走到一个农场门口，不小心掉进了坑里。这个人想：“既然我有这么多铁锹，肯定能挖出去。”接下来他挖断了10把铁锹，那个坑只是更深了。一个人执着心念的中心化，就像在给自己挖坑。

另一个东方的比喻，是关于湖水的。比如我们在西花园放生池旁边，用手指在水面上写一个字，水上会产生涟漪。如果我们试图用手抚平涟漪，就会不停地产生涟漪。同样的道理，当你执着于一个心念的时候，试图主宰这个心念，你已经被这个心念控制住了。

七、安置平等心

心念的去中心化，具体怎么做呢？

首先，安置平等心。对于好的感觉以及坏的感觉，都能够以平等、中立的心态去面对和理解，而不是趋乐避苦。趋乐避苦只会带来更多的烦恼，而不是平静。

但大家也不要走到另一个极端去。“老师说了，越想平静越有烦恼，那么我就不追求平静了，坐在那里瞎想就好了！”那就不是正念的修习了，那是放逸。正念的修习是什么呢？你对心中出现的情况是知道的，并且你知道每个心念都没有本质，都是变化不定的。

冈波巴大师说：“水不搅则自净，心不整则自明。”不去搅动水，水里的泥自然会沉下去，与水分开。

如果你能越来越多地了解心的无常性，反而会看得越来越清晰，而不至于迷乱。古代印度的萨拉哈大师也说："此心不宜束缚如骆驼。"骆驼有一种秉性，你把它束得太紧，它要蹦跳，你把它放开一点，它反而平静。心念也是如此。

八、三种反应

这些天，大家在禅修中体验心念。通过禅修，内部混乱呈现。人们一上座，散乱、迷失、昏沉……问题比禅修之前严重百倍。禅修让我们发现了自己身心的各种特点，这并不是糟糕的事情，更不说明我们无能。本来我们的心就是混乱的，可是平时无法体察到这种混乱。

佛陀在《杂阿含经》中告诉我们，世界上的人都希望"身和心是我的"，当一些人看到"身和心不是我的"，就会不喜乐。也就是说，当你不能如其实际地去了解和接纳身心变化的时候，你就会陷入"轮回的圈套"——这是佛学的说法，用心理学的术语说就是"神经症的圈套"——特点是强迫性重复。

所有的动物，包括单细胞的生物在内，遇到不如意的事情都会有三种反应：攻击、回避、木僵。

人们觉得自己在禅修中静不下来，就生起嗔心："我静不下来，这样坐7天干什么啊？！"这种想法是错误的。你坐7天并不是为了心如止水，而是要了解心念的规律是什么。你的所有想法都只有3个规律：无常、"无我"、苦。

佛学里的苦和中文的苦含义不同。中文的苦，在《说文解字》里面，是一种叶子，人们吃了它，就会感觉到滋味是苦的。佛学说

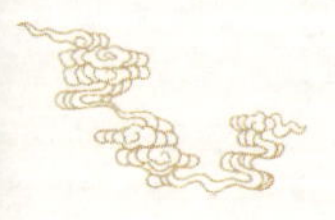

的苦，巴利文是dukkha，意思非常精妙。佛陀描述的“苦”，好比你在一间封闭的房间里，有几个刽子手拿着刀要杀你。你无法逃出去，只好往后退。当你每往后退一步的时候，你的心里是什么样的感受？焦虑，强烈的焦虑，无法言表的焦虑。最后你已经退到墙角，那几个人越来越近，你的焦虑已经升级到绝望，佛学里的苦就是指这种被逼迫的感觉——行苦，无常故苦。

你无法阻止念头跑来跑去，如果不了解它是无常的，一定会被它逼迫。

人处于被逼迫的状态下，攻击无效就会试图回避，回避也没用就会装死。

黄鼠狼在被敌人攻击的时候，打也打不过，跑也跑不了，无可奈何之际，就会突然全身僵硬，“啪嗒”倒下，这种假死状态可以保持一两个小时。人在吓傻了的时候，也会呆若木鸡。

我们禅修里面也会有类似状态。首先是愤怒，和心念搏斗；其次是回避，转移注意力，不再作出努力，心里暗想“下次我再也不来了”；第三种状态是木僵。我们并不会像黄鼠狼那样假死，但我们可能打瞌睡，或者虽未睡着但陷入“细昏沉”，好像很安静，其实心的状态很混沌，没有正念。这种状态看似无害，其实很不好，时间长了容易使人神经衰弱。有些人还会误以为这就是禅定。我在社会上遇到过好几个人，都说自己开悟了，其实只是经常处在“细昏沉”状态。

九、压制机制

在禅修和心理学中，上述三种状态（攻击、回避、木僵）的基础是压制机制——一种原始的心理机制。压制根本不是正念练习要做的工作。

我们来分析一下：压制是否有用？

加州大学有一个著名的“白熊试验”。受试者分为两组：初始表达组和初始压制组。在试验中的一个阶段，初始表达组被要求主动去想一头白熊，而初始压制组被要求尽量避免想一头白熊。结果，初始表达组想到白熊的次数实际上很少，初始压制组反而多次想到白熊。这说明压制会引起反弹。

另一组试验采取“分心策略”，要求受试者不想白熊，想一辆红色的汽车。这组人想到白熊的次数略微少了一点，但还是很多。

后来，弗吉尼亚大学做了另外一个试验——失恋试验。对于失恋的人，过去恋爱中的美好景象总是在脑海中闪回，这使他痛苦，所以他不愿意去回想，问题是他越不愿意回想，越是不由自主地回想。在试验中，让一些失恋的人主动回想过去的美好景象，每天都想20分钟，他们却很快从失恋的痛苦中脱离出来了。这与白熊试验有异曲同工之妙。

类似的试验还有许多，演化出一系列“心念去中心化”的心理治疗技术。

这些试验表明，在压制阶段，被压制的思想具有更高的敏感性。意识功能仍然在寻找心中残留的想要被压制的思想，在高度紧张的状态负载下，这些思想更容易被激活。

十、正念或内观的理解

这些心理试验给我们什么样的启发呢？

我们知道下一个瞬间会出现什么心念吗？不知道。知道出现的心念什么时候会消失吗？也不知道。在禅坐中，我们就去观察心念的生灭，既不要试图去控制，也不要放纵。在心念生起的时候，观察到生起，心念消灭的时候，观察到消灭——这才是禅修的工作。

当我们有快乐的心念，就会希望这种快乐的感觉保持得更久，这就是贪。当我们有不快乐的感觉，就会希望它快点消失，可是挥之不去，于是我们很恼火，这就是嗔。我们在昏沉中不关注自己的心念，这就是痴。修行的目的是无贪、无嗔、无痴，念头来的时候，了解那只是一个念头，是一个因缘和合的念头。

泰国有一句很妙的禅语："如果整天坐在那里就能觉悟，所有的青蛙全部是阿罗汉，所有的母鸡都已经成佛了。"母鸡孵蛋可以多少个小时不动，你们和它比比看？关键并不在于坐，而在于禅坐中的用心方法。

"诸法因缘生，诸法因缘灭，我师大沙门，常作如是说。"这是马胜比丘告诉舍利弗尊者的偈子。舍利弗尊者还没有遇到佛陀的时候，看到马胜比丘在乞食，就上前询问佛学的理念是怎样的，马胜比丘这样回答他。舍利弗尊者一听到这个偈子，当场就悟道了。

可是我们听了这个偈子，并没有悟道。我们已经听了很多佛法开示，都没能悟道。因为我们还需要过程。我们需要"去中心化"。

我有一个来访者有焦虑症。她不愿意焦虑，但她总是很焦虑。我给她布置了一个作业：每天到了特定的时间就对先生说"我们开始焦虑吧"，然后两个人一起焦虑。她尝试了，对我说："哎呀，这样子我没办法焦虑起来的！"我说："那你慢慢练习焦虑好了。"她这么练习的时候，焦虑就只是一个焦虑的念头，而不是真正的焦虑，她就开始康复了。

但请大家不要随便模仿这种治疗方式，每个个案的背景是不一样，需要做具体评估才可以实施干预。

十一、精神分析师的训练

精神分析中的关系学派和后自体心理学，把正念作为一种训练课程。具体课程内容主要是正念练习、慈悲心练习，通过这样的训练可以获得镇静自若的心境，养成敏锐的洞察力，发展出同理共振能力等。

还有一点需要注意。关注腹部的起伏是正念练习的手法之一，但大家一定要知道，这不是在练习止禅。马哈希禅法关注腹部，不是为了让注意力总是放在腹部，而是把腹部当作一个“飞机的基地”。当你无事可做的时候，腹部起伏是身体里最明显的一种变化，所以注意它。在这个过程中，出现了别的东西，譬如某个想法冒出来了，我们就要去观察那个想法，而不是依然僵硬地把注意力放在腹部。

观察想法，并不是跟着想法走。只是轻轻地看着它。“哦，你又出来了。原来你真是无常的。”当它消失了，你再次变得无事可做，那就继续注意腹部的一起一伏。

身、受、心、法里面出现的任何现象，你在正念的修习当中都要觉知到。到时候你就会逐渐发现，身心就是因缘编织的流动，于是你就会越来越放松，有机会看到三法印：无常、“无我”、苦。当你完全了解这些的时候，你就获得了某种释然。

第十六章 穿越和当下：临床对话过程中正念的运用

2011年11月，又是一季美丽的金秋，苏州戒幢佛学研究所召开了第二届佛学与心理治疗对话论坛会议，鉴于最近几年来，全球心理学界的正念研究已经成为一种潮流，所以本次论坛的主题是：正念与慈悲。心理学、精神医学界，还有佛学界的20多位专家受邀参加了本届论坛，200多位心理学专业者参加了会议旁听。由于有2008年10月第一届佛学与心理治疗对话论坛以来的充分准备，本届会议中对话双方对对方的学科的把握和理解要远胜上一届，而且讨论深度和临床实践性也有了很大的进步。

本章为我在本届会议上演讲的研讨论文，基于对正念研究以及自己临床心理咨询工作的基础，我意识到拓展正念在临床运用的广度和深度，是十分重要的事情。原来传统的静态正念的练习，只适合一部分依从性高的或者接受的来访者，而对相当部分的来访者来说，他们对静态的正念练习是有排斥心理的，所以将导向正念的讲解转化为可以在谈话互动中体现运用出来的临床技术，是一件十分重要的事情，这也是目前国际上认知行为疗法中的辩证行为疗法（DBT）和接受与实现疗法（ACT）正在发展的。所以本章论文是通过对人类意识状态中，失念的穿越状态以及正念的存在状态的区分，就临床个案过程中正念和穿越现象的行为分析，展示正念在临床动态对话中是如何运用的。其中关于神经认知的部分，我请教了神经认知研究的张德玄教授等专家，他们提供了这方面的写作参考。

穿越，是由我的一位心理咨询来访者在临床对话中创造出来的。穿越是当下流行词汇之一，它贴切地反映了人类失念的状态。我在本章中使用了这个词来介绍一种心理的现象。

正念起源于佛陀在2 600年前的教学，在20世纪80年代后因美国科学家乔·卡巴金、心理学家杰克·安格勒等人在医学、心理治疗中的科学研究和推广，而逐渐成为当代心理治疗的核心技术之一。正念减压疗法（MBSR）等在静态教学中取得了巨大的成功，而接受与实现疗法（ACT）、辩证行为疗法（DBT）则在动态对话治疗中也取得一定指导性技术的成功（史蒂文C. 海斯等，2010）。但正念如何在临床对话中，在瞬间微观的互动中运用，这是一个有待开拓和十分有意义的领域。

一、穿越和当下

在正念的练习中，经常出现这样的情况，练习者突然觉得自己身在他处，甚至还有许多无关当下的表情，严重的还会自说自话，而丝毫没有意识到当下就在此处。通过观察，发现这种情况并不单纯发生在正念练习中，路上的行人也会出现与当时环境无关的笑脸或悲容。这种情况借用一个当代网络术语，就是穿越。

人类在生活中有两套系统，一套是当下现实的系统；另一套是想象的系统。其中想象的系统会在某些时刻自动启动，而在内视觉中出现许多意象画面或者声音。尽管身在此处，而心念却已

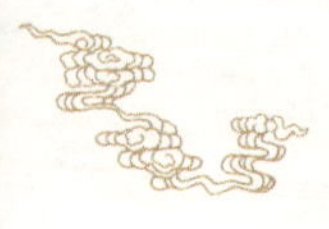

经穿越到其他空间或者时间中去了。这就导致个体出现与当下环境并不匹配的行为反应。

同样的情况在临床中也被发现，焦虑障碍、心境障碍、人格障碍的来访者往往对当下的正念是不足的。例如，猫狗恐惧症的来访者往往对不在当下的猫狗产生恐惧，当来访者与治疗师谈及某些情景，来访者似乎掉落到不在当下的意识过程中去了；抑郁症来访者即使在暂时康复之时，仍会担心抑郁的随时来袭，由于担忧再次进入抑郁而最后激活抑郁状态；人格障碍的来访者对人际关系和自身有各种痛苦而自毁的幻想，导致自己最后无端破坏正常人际关系。在临床的过程，如果能对来访者当下实际状态进行及时提示或者恰当的反应，在相当多的个案治疗过程中，就可以起到协助来访者正念当下，重新体验那些来访者试图回避的不舒适的感受和人际关系，在信息体验加工后获得新的领悟和意义。

案例：正念的提示技术

对于以上列举的猫狗恐惧症的来访者，治疗师（T）尝试与来访者（C）采用正念提示技术，使得来访者获得醒悟。

T：你上周又遇见猫了？

C：是啊！在回家路上，一只流浪猫。我看见好怕。

（来访者尚未具体讲述遇见的事，状态在当下。）

T：噢！在回家路上遇见？你是怎么遇见的？

C：我在下车走回家的路上，突然看见人行道旁有一只猫，黑色的，眼睛盯着我，我不知道它是否会扑上来咬我。

（来访者已经激活了恐惧感，回到遭遇时刻的场景中。）

T：你觉得它会扑上来咬你，很害怕。

C：是啊！真是很担心啊！这猫什么地方不能待，一定要在我回家的路上。如果以后它经常在怎么办呢？（来访者表情紧张，手握拳头，有点哭腔。）

（来访者的意识状态穿越到过去时刻，失去对当下的情感的觉知。）

T：这真是有点恐惧噢！哦，现在是几点几分？我们是在回家路上还是在咨询室沙发上？

C：啊！我在这里。

（来访者回到当下时刻。）

T：刚才你好像有进入一个场景，好像是回家路上遇见猫了？

C：是！好像一下就回去了。刚才害怕呀！

T：现在感觉和刚才感觉有区别吗？

C：有，现在感觉还是比较放松，刚才很紧张。

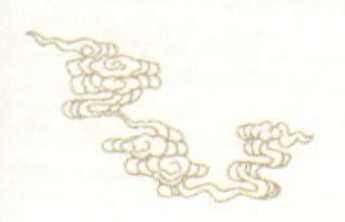

(治疗师与来访者一起比较了两者状态的不同,协助来访者认识当下时刻的正念和穿越的意识状态的不同。)

T:哦!刚才很紧张,现在你是放松的了。你现在还能够感觉一下那种紧张吗?

C:现在?可以。现在不是那么紧张了,好像离开那个事情有一些距离的感觉,刚才好像是完全陷在里面,不知道身在何处。

治疗师把来访者的紧张感反映给来访者,让来访者能够不回避这种感觉,而是能够以适度距离地重新体验之,这有助于来访者对紧张感获得掌控感。接受与实现疗法创始人黑兹提及正念要素中的体验不回避,对以正念为中心的治疗是十分重要的。如果正念只

创造互动中的当下正念对话

是协助来访者创造分心回避体验的机会，那这一运用其实和正念的运用是十分不同的；但在来访者过度紧张时，能够以正念协助来访者区分穿越状态和当下状态，帮助来访者对体验获得适度的距离，否则过度陷入的体验不回避会造成来访者心理的暂时瘫痪。

提示正念技术在临床过程中如果运用适当，会协助来访者在当下事件想象中获得正念，由当下的主体感理解自己的实际状态，并区分在穿越过程中发生的当下主体感丧失的诸多问题。而在这种状态中能够获得正念，并因此获取正念当下与穿越状态的区别，有助于快速指导来访者获得正念当下的知识，以及发展相关实践能力。

提示正念技术在临床心理治疗的运用中，相对还是静态的技术。使用得当效果很好，但如果使用不当，会使来访者感觉到某种生硬的感觉。在对话治疗中，正念的启动是咨访双方共同建构的，而不是来自单独一方的努力。如果能够从双元角度来理解和创造正念，那样治疗会更轻松，更容易获得有效的进展。在波士顿变化过程小组的研究中所关注的当下时刻概念，与正念技术相整合，会使治疗师在与来访者的互动中获得自然的正念的运用。斯特恩等在 *Forms of Intersubjectivity in Infant Research and Adult Treatment*（The Boston Change Process Study Group, 2004）一文中提供了主体间性的案例，案例着重研究双元互动对话治疗的交互影响和变化，而本文着重讨论该案例对话所促成的正念方面。

C：今天我不完全在这里。

T：哦！

（来访者不在当下，丧失了当下的主体感，穿越在某种记忆、想象、感受中。）

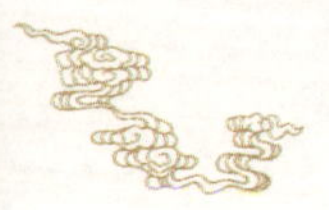

（双方有6秒的沉默。）

C：是的。

（双方又一次的沉默。）

T：你今天在哪里呢？

C：我不知道，有些不在这里。

（治疗师的询问对来访者的意识状态产生了作用，来访者开始辨识出当下状态的某些感受，在穿越态中正念意识开始启动。）

（双方一次较长的沉默。）

（治疗师提供空间给来访者加工感受。）

C：上一次发生的一些东西让我有些烦恼……（停顿）但我不确定是否要谈。

T：我明白了……所以你还在我们上一次治疗那里。

（来访者的烦恼得以表示，因为这个烦恼是有关心理治疗师的，而治疗师以接纳的态度给予当下回应，协助来访者回归到当下的真实对话中，并调整了彼此距离重新开展新的对话，这也提供了来访者重新获得正念的包容空间。）

C：是的……我不喜欢你说……

（来访者开始能够将心中压抑的感受语言化，虽然他说的是之前一次，但他是立足当下而言及过去，而非在过去言及过去，从而到达正念的状态，而这一正念状态又会促进对话新空间的产生，而使对话往新的方向有效发展。）

在对话互动中，治疗师与来访者一起创造出共具正念的对话，而并非双方的意识状态单独或者双方都穿越到其他时空中，同时在当下能够不局限而因势利导的发展，对心理治疗过程是十分重要的。正如《跋地罗帝偈》所云："慎莫念过去，亦勿愿未来。过去事已灭，未来复未至。现在所有法，彼亦当为思。念无有坚强，慧者觉如是。”

二、神经认知基础：正念对大脑活动模式的促进

正念这种形式，无论是静态指导性的正念静坐，还是在动态对话治疗中的运用，对大脑活动模式会产生某种改善作用。当代神经认知研究者运用神经电生理和脑成像技术对正念训练与人脑活动模式的关系进行了广泛研究（咏给·明就仁波切、艾瑞克·斯旺森，2008）。

正念要求将心念在当下产生了解。这点可以有效保存大脑能量。因为无论在执行特定任务还是静息状态，大脑时刻都会产生一些自我幻想、白日梦、溜号等内在的自我活动。这些脑活动会消耗大量能量，影响注意的执行，导致认知表现力下降。而正念训练时前额叶区激活增强，在某种程度上，意味着训练者抑制这些自我

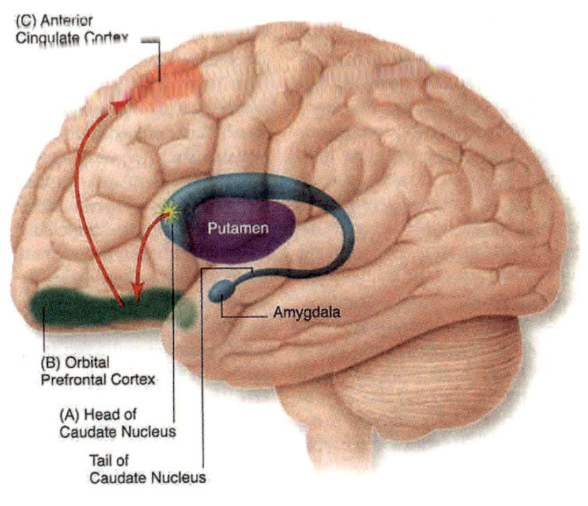

脑活动的努力，进入一种更加积极的大脑活动模式。随着正念训练的深入，大脑活动调节模式逐渐从前额叶区域转到前扣带回，减少认知资源需求，达到自主调节状态。

许多研究已表明，人们出现恐惧情绪时，杏仁核和边缘系统会激活。如果运用意识标记出这种不良情绪，杏仁核和边缘系统的激活会显著降低，同时右侧腹背侧前额叶活动增强。而且，自我觉知能力强的人前额叶活跃更明显，杏仁核激活更少。及时整理和标记大脑中的各种思绪，会减少个体对这些思绪的特意加工处理，有利于保证当下和下一时刻大脑注意资源的集中。

虽然目前神经认知对正念与大脑活动模式相互关系的研究已经产生了一些重大研究成果，但实际研究情况还处在初期阶段，一些正念与大脑活动模式的关系研究也有不少是假设性的，这需要各学科的进一步合作与共同发展。

三、结语

正念在临床对话瞬间微观互动中的运用，是当代心理治疗发展的潮流，并且可以得到神经认知研究证据的支撑和指引。这是当代临床心理治疗研究可以继续去开拓的领域，使临床心理学可以整合亚洲文化精华而走向更为成熟的发展。

参考文献

1. 威廉姆斯著，谭洁清译：《改善情绪的正念疗法》，中国人民大学出版社2009年版。
2. 西格尔著，李淑珺译：《喜悦的脑：大脑神经学与冥想的整合运用》，台北心灵工坊文化事业股份有限公司2011年版。

3. 西格尔著，李淑珺译：《第七感：自我蜕变的新科学》，台北时报出版社2010年版。
4. 史蒂文 C. 海斯等编，叶红萍等译：《正念与接受：认知行为疗法的第三波浪潮》，东方出版中心2010年版。
5. 咏给·明就仁波切、艾瑞克·斯旺森著，江翰雯、德噶翻译小组译：《世界上最快乐的人》，台北橡实文化出版社2008年版。
6. 巴赫、莫兰著，方双虎、王维娜译：《接受与实现疗法：理论与实务》，重庆大学出版社2011年版。
7. The Boston Change Process Study Group. *Forms of intersubjectivity in infant research and adult treatment*, 2004.
8. Koechlin E, Ody C, Kouneiher F. The architecture of cognitive control in the human prefrontal cortex. *Science*, 302(5648): 1181, 2003.
9. 唐一源：《探索大脑，优化人生》，科学出版社2008年版。
10. Davidson R J, Kabat-Zinn J, Schumacher J, et al. Alterations in brain and immune function produced by mindfulness meditation. *Psychosomatic Medicine*, 65(4): 564, 2003.
11. Creswell J D, Way B M, Eisenberger N I, et al. Neural correlates of dispositional mindfulness during affect labeling. *Psychosomatic Medicine*, 69(6): 560–5, 2007.
12. Luders E, Toga A W, Lepore N, et al. The underlying anatomical correlates of long-term meditation: Larger hippocampal and frontal volumes of gray matter. *Neuroimage*, 45(3): 672-8, 2009.
13. Sheline Y I, Barch D M, Price J L, et al. The default mode network and self-referential processes in depression. *Proceeding of the National Academy of Science of USA*, 106(6): 1942–7, 2009.
14. Tang Y Y, Ma Y, Fan Y, et al. Central and autonomic nervous system interaction is altered by short-term meditation. *Proceeding of the National Academy of Science of USA*, 106(22): 8865–70, 2009.
15. Slagter H A, Davidson R J, Lutz A. Mental training as a tool in the neuroscientific study of brain and cognitive plasticity. *Frontiers in Human Neuroscience*, 2011.

第十七章 慈心在正念中的运用

我在临床心理咨询以及教学中，发现一些来访者或者学习者在运用正念时，由于没有很好的理解正念，而经常因为一些意料之外的身心现象谴责自己，使正念并不能发挥原来应有的疗愈效果。

在进一步探索中，我发现慈心是佛学最有特色的正念禅法，在临床或教学中能够协助来访者或者学习者学会同情和关怀自己身心现象，这样就能比较好把握正念的练习，并获得比较好的心理调整能力。同时，本章还将慈心这个主题进行讨论延伸，介绍如何将慈心整合到心理咨询师的自我修复工作中，因为几乎每个心理咨询师或心理治疗师，还有精神科医生都面临许多治疗工作的压力，甚至会因为这些压力引发自己的心身困扰，而慈心的练习或许可以改善心理学工作者自身存在的状况。

在2011年11月的第二届佛学与心理治疗对话论坛上我就本篇内容进行过演讲。这是我对正念在临床实际运用中研究的系列思考之一。

正念已经开始运用在当代心理治疗以及心理保健中，形成以正念为中心的疗法技术群体，这包括正念减压疗法、接受与实现疗法、辩证行为疗法、正念认知疗法、心理化疗法等。但在运用正念的过程中，往往运用者和练习者会产生太过理性或者太过散乱的问题，导致部分正念的运用不够理想。笔者通过在正念教学过程中的访谈，以及对正念教学经验进行的思考总结发现，在正念运用中如果能够结合慈心禅修的观点，那么对正念运用和练习者将会有很大的帮助。

佛学“慈心”一词，除了指希望他人愉悦的情感状态，也是四梵住禅修方法之一。《清净道论》云，“慈”，即慈爱之义，对友人的态度及关于友谊的行动故名为慈。在佛学禅修教学中，慈心是指

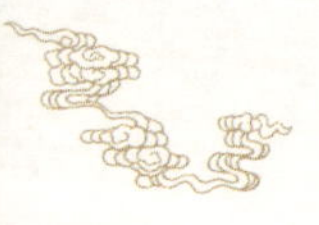

愿望自己和他人愉悦的心态，以及连续维持这种情感状态的修习。传统慈心禅修，一般是对自己修慈爱开始，由对自己理解和慈爱的感受去修行对别人的慈爱。即以佛偈——“以心遍察一切的方向，不见有比自己更亲爱的；他人都是爱他自己的，爱自己的人不会想害他人”——开始修习。不论是传统佛学还是当代西方心理学的研究都表明，通过这些修行能起到改善人际关系、改善自我和谐度和接纳度的作用，目前神经认知的研究也证明慈心对大脑内部协调整合的巨大作用。

慈心在佛学哲学的另一个方面，也是空性的外显。因为空性是万事万物显现的潜力所在，而领悟空性自然能涵容众生的苦乐。同时修习慈悲能够减弱我执，使空性的领悟更好开展。慈心的练习给自己和他人以心理空间来存在和发展。

一、慈心在正念中的运用

在正念练习和运用中，练习和运用者（以下简称练习者）经常出现想东想西的情况，在佛学概念就是散乱掉举或者妄念。绝大部分初阶练习者对这些散乱掉举心念的出现，采取的心理动作多是严厉的自我压制、自我谴责，或者是昏沉睡眠。这些心理动作往往会使正念的练习和运用不如预期的良好，甚至会让练习者走向焦虑、沮丧。其实，在传统的正念练习中，《四念住经》曾经明示，对出现的心念感受等，只要了了分明地了然。在中国禅的传统中，则有“念起即觉，觉而不随”的心法。所有这些传统禅修心法，本质都是内观禅原则的展现。这一原则就是正念的练习并不是要压制或者绝对专注一境，而是要了解身心变化的自然规律，体验到去中心化过程（即在体验中发现身心没有绝对的主宰者的过程）。

遵循这一原则，对初阶练习者，这时采取的心法并不是自我压制或者自我谴责，而是要以开放的态度去接纳这一过程的发生，然后渐渐体验辨识出非中心化的自然过程。对初阶练习者，当有各种身心现象发生时，如果无法直接洞察非中心化的本质，那么首先培养以慈心的态度去接纳这些身心现象的出现，特别是接纳那些散乱掉举的心念感受是十分重要的。对待自己的心念了了分明，能够以慈心接纳而不是压制谴责，则渐渐能够理解身心非中心化的自然规律，同时也得以在此获得慈悲的情感状态，并扩展出对他人的友谊同情的健康情感状态。慈心的态度，有助于练习者运用内心涵容性空间，发展出健康的智慧能力。

二、慈心结合正念对心理咨询师的意义

许多心理咨询与治疗（以下简称“心理咨询”）的本质，就是协助来访者创造出自我接纳的内在空间。这一内在空间，是在来访者与心理咨询师互动的过程中创造出来的。因此，心理咨询师本身对这一慈爱和非中心化的理解和体验，对心理咨询过程是十分重要的。如果心理咨询师无法领悟，或者无法真正理解和把握这一内在的心灵空间，在与来访者的互动中，就无法提供一个真诚、共情和理解接纳的心理咨询互动空间。

代表慈悲的观世音菩萨

心理咨询师在临床实践中，面对来

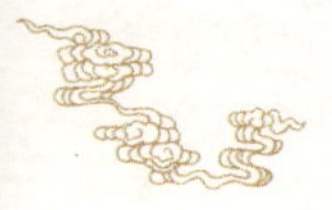

访者的各种表现，和其面对自己内心的各种现象是十分接近的。例如来访者表现出愤怒，心理咨询师如果是害怕的，是无法接受自己内心的情感反应的，就可能引起自身的回避或者讨好反应。而如果心理咨询师能够以慈心与去中心化的态度理解和接纳来访者的愤怒状态，那么咨询的发展趋势就会完全不同了。

同时心理咨询也是一个需要具有慈心，或者同情心的工作，心理咨询师首先需要建立对于自己的关怀，由此才能正确发展出对他人的关怀，这正如慈心梵住禅定的修行。而在对自己发展关怀的同时，发展对自己内心现象的接纳性关怀，则是基础中的基础，同时这一方式也能够辅助心理咨询师启动正念的初阶智慧，为心理咨询师创造出更大的临床心理治疗的内心涵容空间。

三、小结

慈心与正念的结合运用，在心理治疗、心理保健、佛学禅修练习中，有以下几点意义：

（一）慈心的态度能够协助正念练习者，更好地掌握正念的练习；

（二）慈心能协助心理咨询师人格的提升；

（三）慈心整合正念，与悲智双运、自利利他的佛学文化相应，具有良好的文化接受基础；

（四）慈心对佛学正念教学可以有辅助性的作用。

参考文献

1. 觉音著，叶均译：《清净道论》，中国佛学文化研究所1995年版，第268页。

2. 咏给·明就仁波切、艾瑞克·斯旺森著，江翰雯、德噶翻译小组译：《世界上最快乐的人》，台北橡实文化出版社2008年版。
3. 西格尔著，李孟潮译：《正念之道》，中国轻工业出版社2011年版。
4. 马克·威廉姆斯、乔·卡巴金著，谭洁清译：《改善情绪的正念疗法》，中国人民大学出版社2009年版。
5. 史蒂文 C.海斯等编，叶红萍等译：《正念与接受：认知行为疗法的第三波浪潮》，东方出版中心2010年版。
6. 慈济瓦法师著，雷叔云译：《慈心禅：带来平静、喜悦和定力》，台北橡树林文化2009年版。
7. 明法比丘译：《四念住经》，台北法雨道场流通本。

第十八章 文献注释：呼吸的正念

“正念”，目前已经渐渐成为全球心理学界的一大潮流，但对于正念的起源文献，心理学界还是陌生的，本章选择了最早记载正念的文献——来自公元前600年左右的佛学文献《四念住经》（也有译为《大念住经》）的原文，并按照佛学注释传统对文献进行了注释和基本解说。希望能够为心理学专家和爱好者提供一个有价值的文献资源，配合本编的深入阅读。

之所以会注释本章的文献，缘起于2008年第一届佛学与心理治疗对话论坛，复旦大学宗教系王雷泉教授和我都参与了那次会议，并在会议间隙熟悉起来。在那次会议结束后，他邀请我参与他主编的《佛教名篇鉴赏辞典》（筹备出版中）辞条的撰写。我在2009—2010年完成了其中6篇辞条的注释和鉴赏解说。本篇内容即其中的一篇——关于正念的古代佛学文献的注释和鉴赏解说。

【原文】

诸比丘！这一条道路，为诸有情的清净，为诸悲伤及诸啼哭的超越，为诸苦忧的消灭，为真理的获得，为涅盘①的作证，就是四念住②。

哪四种？诸比丘！在这里，比丘在身随观身而住，热心、正知、具念，在世间能引离贪忧；在诸感受随观诸感受而住，热心、正知、具念，在世间能引离贪忧；在心随观心而住，热心、正知、具念，在世间能引离贪忧；在诸法[③]随观诸法而住，热心、正知、具念，在世间能引离贪忧。

诸比丘！但是比丘如何在身随观身住？诸比丘！在这里，比丘去旷野，或去树下，或去空屋坐，结跏趺后，端正身体后，使念于鼻端现起之后，他具念呼气，他具念吸气。正在呼气长者，他详知："我呼气长"，或正在吸气长者，他详知："我吸气长"；或正在呼气短者，他详知："我呼气短"，或正在吸气短者，他详知："我吸气短。"他学："感受全呼吸，我"正使身行轻安，我将吸气。"诸比丘！譬如熟练的转辘轳者，或转辘轳者的徒弟，正在长转者，他详知："我长转"；或正在短转者，他详知："我短转"；同样地，诸比丘！比丘正在呼气长者，他详知："我呼气长"，或正在吸气长者，他详知："我吸气长"；或正在呼气短者，他详知："我呼气短"，或正在吸气短者，他详知："我吸气短。"他学："我将体验全程[④]呼气"，他学："我将体验全程吸气"；他学："正使身行轻安[⑤]，我将呼气"，他学："正使身行轻安，我将吸气。"

这样在身内，在身随观身而住；或在身外，在身随观身而住；或在身内及身外，在身随观身而住。在身随观集法而住；或在身随观灭法而住；或在身随观集法及灭法而住，或"身存在"的念现起。这样直到浸入智、浸入忆念为止，他无依止而住，并且在世间一无所取。

诸比丘！如是比丘也在身随观身而住。

——摘自《四念住经》，明法比丘　译

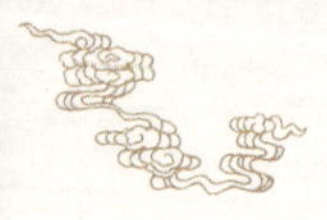

【注释】

① 涅盘：也译涅槃，即远离贪欲，熄灭波浪，也被解释为贪、嗔、痴的熄灭。

② 四念住：即4种建立起及培养正念的立足处、住处。四念住具体是一系列以内观禅为重点的各种止禅与内观的禅修方法，以身、受、心、法4项念住次第的分别解释念住的实践，总摄4种念住即是大念住。

③ 诸法：一切物质现象和精神现象等，同时也包括涅槃；有时也专指某一类事物现象，例如五蕴、六处、十八界等。

④ 全程：不单指所有的呼气和吸气，同时也指示每一口呼气或吸气的前段、中段、后段。在另外的译本中，全程的呼吸被根据巴利语和梵语字义被直译为“全身的呼吸”，这里全身的呼吸并非指身体的全身或者体呼吸，而是专指一个完整鼻腔呼吸的全部过程，和以上注释相同，即每一口呼气或吸气的前段、中段、后段。

⑤ 轻安：禅修进步后产生的身心舒适，呼吸变细变匀的心身状态。

【鉴赏】

《四念住经》，也名《大念住经》，南传佛教三藏长部第二十二经，重要的禅修经典。汉语异本译古今有多种，古有《中阿含经》（东晋僧伽提婆译）和《杂阿含经》（刘宋那跋陀罗译）等经集中所包含的《四念住经》，近代、现代汉译本中则有夏丏尊居士等主编《普慧大藏经》里含有《四念住经》，台湾地区圆亨禅寺的《汉译南传佛教三藏》所含《四念住经》、玛欣德比丘等的汉译本等。本选文所据是台湾地区法雨道场流通，明法比丘自巴利语本汉译的《四念住经》。

《四念住经》，记载佛陀在印度劫摩沙地方的俱卢聚落和俱卢族人在一起时，对僧团出家比丘教授的大念住禅修内容。那么为什么大念住禅修的内容会被佛陀分为四种念住的禅修方法讲授呢？

南传上座部佛教注释大师觉音尊者，引用古代上座部佛教注释对《四念住经》的注疏中这样写道，“如同一个善于制造箩筐的人，有意制造各种粗细席、箩、篓、篮以及其他类似制品，将一大截竹子劈成四片，取其中一片，再将它劈开，用以制造所需之物；完全一样的情形，世尊为了使得众生步骤述住，易于熟练，乃将其实只有一项的正念，依所念的题材分为四部而说：有四念住。”并次第由身念住到受念住，由受念住到心念住、法念住，这是佛陀教授四念住时，为学习者易于掌握和进展而建立的善巧次第，因为身较受、心、法都为粗，易于把握，所以由身念住禅修首先开始教学，包括属于身念住禅修范畴的呼吸安般念住、四威仪念住、身不净念住、四大念住、九种墟墓观的十三种方法；而受念住相对身念住更细，所以之后教学属于受念住禅修范畴的一种方法，之后再教授更细的属于心念住禅修范畴的一种方法；在法念住中最后教授分别单种的五盖念住，以及全部的大念住禅修范畴的五蕴念住、十二处念住、七觉支念住、四谛念住的五种方法。最后以禅修念住的效用、鼓励等结束整个讲法。

那么被称为“唯一道路”的四念住与总括佛教的戒、定、慧基本三学又是什么关系呢？

四念住与佛教基本三学中的慧学及部分的定学是相互融摄和重叠的，实际四念住也就是以内观禅为主的慧学及与部分与慧学相关的定学的各种具体禅修实践方法的总结性教授，只是佛陀从不同的面向解释同样的禅修方法时建立的施设方便。回顾内观禅

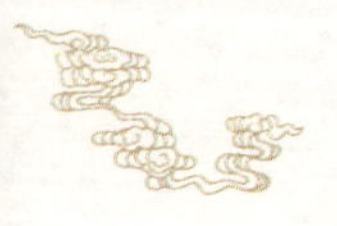

修的核心，就是练习对于身、心等法的如实观察，以发现身、心是因缘条件聚合，所以都具有无常、苦、“无我”的自然规律，最后到达放下执着、体证涅槃。这和四念住的导向因此是一致的。

本选文为《四念住经》中的四念住总纲和基本的身念住安般念禅修部分。

在四念住总纲里，佛陀开宗明义地说明了禅修四念住的意义，即“为诸有情的清净，为诸悲伤及诸啼哭的超越，为诸苦忧的消灭，为真理的获得，为涅盘的作证”。在总纲的第二部分介绍了四念住的禅修主题，是以正念缘于身体、感受、心意、诸法为的四种目标而起的次第禅修观察，同时“热心、正知、具念”作为总体禅修心要，贯穿每一种念住中。

选文中的身念住，是南传上座部佛教最流行的禅观方便——著名的安般念住。类似的禅观教授也出现在北传佛教禅法中，如天台智顗大师所倡导的六妙法门，但稍有差异。南传上座部佛教的安般念以七次第（数、随、触、安止、内观、还灭、遍净）来教授。

安般念住，即念住呼吸。这一方法在阿含经中被称为适应各种根器的禅修者，容易成就，而不如有些禅修方法只能适应部分禅修者。而且修习安全，不太产生禅病之类偏差。佛陀就此曾经以四种殊胜激励禅修者努力实践安般念住，即获得寂静功德、能断寻等散乱、完成道与果的根本、因此预知自己生命的最后呼吸。

禅修安般念怎么进行呢？即如经文所说，在鼻端下人中位置，念念分明地了知自己的呼吸出入，当呼气时，即知道自己的呼气，当吸气时，即知道自己的吸气。同时关键的是，只需要对自然的呼吸进行念住就可以，而完全不需要特别改变自然呼吸为特长特匀的有意识呼吸。为什么呢？因为有意识地控制呼吸变得特长特匀，禅修不久就会使禅修者变得疲惫和不乐于禅修。这是南传上座部佛教在指导安般念时历来指导禅师传统的规定。

那怎么是自然的呼吸呢？即如经文所说，“正在呼气长者，他详知：‘我呼气长’，或正在吸气长者，他详知：‘我吸气长’；或正在呼气短者，他详知：‘我呼气短’，或正在吸气短者，他详知：‘我吸气短。’”南传上座部佛教的禅修指导书《清净道论》这样解释：“当知那(出入息的)长短是依时间的……在象与蛇的身中，徐徐地充满他们长度的肉体，又徐徐出去，所以说长(的出入息)；急速地充满犬兔等的短度的肉体，又迅速地出去，所以说短(的出入息)。在人类之中，有的出息与入息，依照时间长如象与蛇等，有的则短如犬兔等，所以对于他们(的出入息)是依时间的，长时间的出与入为长(出入息)，短时间的出与入为短(出入息)。”同时，佛陀以旋盘工的譬喻说，简明扼要地教授了弟子对呼吸的念住的技巧。

但如果如此修行依旧心念散乱、不寂静，那将如何禅修？

在南传上座部佛教及北传佛教中都有练习数呼吸的补充教学。唯南传上座部佛教的教学是由呼吸一，呼吸二、呼吸三、呼吸四、呼吸五为第一回合，呼吸一……呼吸六为第二回合、呼吸一……呼吸七为第三回合，呼吸一……呼吸八为第四回合、呼吸一……呼吸九为第五回合、呼吸一……呼吸十为第六回合，比为一大循环回合；之后再由一到五、一到六等循环的数呼吸练习，待这样练习数呼吸彻底纯熟不杂乱时，再修行之前的正念自然呼吸。

当这样熟悉了念住呼吸过程之后，禅修者当练习能够逐渐念住所有的呼吸，包括在每个呼吸的前段中段后段也逐渐不散乱而安住。当然这是一个需要努力的调心过程，但这一调心努力过程又是不能过于刻意用力的，而是要将心态置于禅修不过分努力也不懈怠的中道修习中。因为过于努力会导致紧张焦虑，紧张焦虑即无法使禅修引发轻安，无轻安则无禅定可以成就；而过于懈怠则精进不足而导致散乱。当这样禅修熟练后，禅修则渐渐会发生轻安、安静等征相。同时，禅相会在鼻端现起，如星色、摩尾珠、珍珠、触如绵子、烟焰、蛛丝、云翳、莲华、车轮、月轮、日轮等，因人的根性不同而不同。继续安住此禅相并在鼻端继续正念呼吸，由此渐渐获得近分定成就，接近近色界禅成就。能够暂时镇压贪等五盖烦恼，使禅修者得以有修行内观的机会。如果依次修行专注，假以时日，则将成就色界初禅定等。

按照选文中《四念住经》的禅修顺序，如果以在此近分定的基础上，应逐渐发展对呼吸的观察，因呼吸即身体风大的变化生灭，待这样的观察熟练后扩展对身体的观察、最后发展对心身五蕴六处的全面观察生灭之本质，最后得以辨识出身、心无常、苦、“无我”的因缘法本质，而渐渐趋向圣者之道果成就。正如经文文所说，“这样直到浸入智、浸入忆念为止，他无依止而住，并且在世间一无所取。”

第十九章　文献注释：慈心的正念

正念虽不全部是慈心，但在最早记载正念的《阿含经》中，鼓励将慈心练习作为一种基础，因为这将能够为正念练习打下良好的心理基础，在一定程度上，慈心练习也可以称作一种正念练习。慈心，其实就是一种同情心，是人类具有的人性之一。佛学提出这一人性是可以训练和增强的，增强后可以带来身心的许多健康利益。现在脑科学研究也发现慈心的练习是最好的协调大脑各部分功能的方式。本篇为心理学家和研究者提供佛学关于慈心训练的古代文献，为斯里兰卡大寺的著名学者觉音在公元5世纪《清净道论》中对慈心练习的说明，我对此做了注释和鉴赏解评。

在佛学体系中，与慈心类似的练习一共有四种，即慈、悲、喜、舍四种练习，佛学传统称为四梵住禅修。这是和人类的同情心、欢喜心、平等心情绪性感受的增强有关的练习，而慈心是其中最基础的一种。

本篇与上篇相同，均为我为复旦大学宗教系王雷泉教授主编的《佛教名篇鉴赏辞典》撰写的辞条之一。

【原文】

在随念业处之后所提示的慈悲喜舍四梵住中，先说欲修慈的

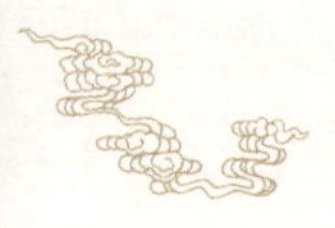

初学瑜伽行者，断了（10种的）障碍[1]，受持了业处[2]，食事既毕，除去食后的懒睡，在远离的地方善敷座位，安坐下来，最先当观察嗔恚的过患及忍辱的功德。

（观察嗔恚之过及忍辱之德）何以故？因为修此（慈梵住）当断嗔恚而证忍辱，未曾有不见过失而能断及不知功德而能证得的；是故应见“贤者！若为嗔恚所战胜，（为嗔恚）而夺取其心者，则杀害生物”等经中所说的嗔恚的过患；亦应知：

“诸佛说——忍辱是最高的苦行，容忍是最上的涅槃。”“具有忍力的强军，我说他是婆罗门。”“忍辱无有胜”等所说的忍辱的功德。

（初学者当避免的慈的所缘）（瑜伽者）如是见其过患而为离于嗔恚心及知其功德而为与忍辱（心）相应，当勤修于慈。勤修（于慈）者应先了知“对此等人最初不应修慈，对此等人则绝对不应修慈”的人的差别。即是此慈最初对（1）不爱的人，（2）极爱的朋友，（3）中间人（无关者），（4）敌人等的四种人不应修习；（5）不应专对异性修习，（6）绝对不应对死者修习。

为什么最初不应对不爱等人修习呢？（1）因为（初学者）若把不爱者置于爱处是会疲倦的；（2）若把最爱的朋友置于无关系者之处是会疲倦的，因为对彼（极爱者）甚至现起少许的痛苦，也会使（修习者）呈现悲泣的状态；（3）若把无关系的人置于尊重敬爱之处也会疲倦的；（4）若对敌人随念则起忿怒。所以最初不应对不爱等人修习。

（不可对他修慈的人）（5）如果专对异性（修习），则修习者未免生贪欲。据说：有一位大臣之子，一次问一位和自家亲切的长老道：“尊师！当对谁修慈”？长老答道：“对爱的人。”那（大臣子）以为自己的妻子是爱人，便对那女修慈（而生贪欲）要入她的房内，（于门外）叩壁终夜。是故不应专对异性修慈。

（6）如对死者修慈，绝对不能得证安止定[③]与近行定[④]。据说：有一少年比丘，开始对自己的阿阇梨修慈，但他的慈不能现起。于是去问大长老道："尊师！我对于慈的禅定是很熟练的，但今不能入此慈定，不知是什么原故"？长老说："贤者！你当寻求（慈的所缘）相。"当寻求时，他知道了阿阇梨已死，再对他人行慈，乃能安止于定。是故决不应对死者修慈。

（1）（对自己修慈）最初须对自己"我欲乐、不苦"或"保持我自己无怨、无苦、无恼、有乐"这样的屡屡修习。

（问）如果这样（先对自己修慈），那么，《分别论》说："诸比丘！如何比丘以具慈心遍满一方而住？即如看见一个可爱可喜的人而起于慈，同样的对一切有情以慈遍满"；同时，《无碍解道》亦说："如何以五种行相无限制的遍满慈心解脱？即使一切有情保持自己无怨、无害、无恼、有乐，使一切生物，一切生类，一切人，一切动物保持自己无怨、无害、无恼、有乐"等；并且《慈经》中说："使一切有情有乐、安稳、幸福"等，这些经论中都未说对自己修慈，岂不与此矛盾？

（答）彼此不矛盾的。

（问）何以故？

（答）彼诸经论是依安止（定）说，这样是以（自己）为证人说的。然而纵使百年或千年以"我欲乐"等的方法对自己修慈，他也不会得安止（定）的。修习"我欲乐，"即是说"我欲乐、厌苦、欲生、欲不死，其他的有情也是同样的，"这样以自己作证人，亦欲与其他一切有情的利益和快乐。世尊亦曾指示这个道理：

以心遍察一切的方向，不见有比自己的可爱；

他人都是爱他自己的，爱自己的不要害他人。

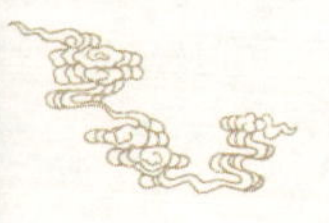

(2)(对可爱者修慈):所以为作证人第一以慈遍满自己之后,为了容易起慈,对自己可爱可喜尊重恭敬的阿阇梨或与阿阇梨相等的人,和尚或与和尚相等的人,随念他们有令人起可爱可喜之念的爱语等,及令人起尊重恭敬之念的戒、闻等,然后用"令此善人有乐无苦"等的方法修慈。对于这一类人是容易成就安止(定)的。

(3)(对一切人修慈):这比丘并不以此为满足,犹欲破除(自己、爱的人、极爱的人、无关系者、怨敌等的)界限,以后便对极爱的朋友(修慈),自极爱的朋友而对无关系者(修慈),自无关系者而对怨敌修慈。修慈者已于爱者、极爱者、无关者、怨敌等各部分令心柔软而适合于工作之后,当取其他。如果完全没有怨敌之人,或者因天赋大人性格不会对害他的敌人而生怨敌之想的人,则他不必作"对于无关系的人我的慈心业已适合工作,今当对怨敌而起慈心"的努力。当知"自无关系者而对怨敌修慈"是对有怨敌的人说的。

(4)(对怨敌修慈):(1) 如果对怨敌而起慈心,随念曾受敌人之害而生嗔恨之时,则他应该对以前的(爱者、极爱者、无关者)任何的人数数而入慈定,出定之后,再屡屡对敌人行慈,除去嗔恨。(2) 如果这样精进的人依然不能灭嗔,则应:数数为断嗔恨而努力,随念锯等譬喻的教训。

而彼(为断嗔恨而努力者)亦以此法而劝诫自己:"喂!忿的人!世尊不是说:诸比丘!纵有恶盗用两柄的锯而切断他的四肢五体,那时他若起嗔意,而他不是我教的实行者";

又说:"对于忿者即还之以忿者,他的恶尤过于那忿的人;对于忿者而不还以忿者,他能战胜那难胜的战争。若知他人怒,具念寂静者,对于自与他,两者都有利。"

又说："诸比丘！此七法为敌人所欲，为敌人所作，是男或女而生忿怒的。什么是七法？诸比丘！（一）兹有敌人这样希望他的仇敌：'唉！真的令他貌丑吧'！为什么这样？诸比丘！敌人是不欢喜他的仇敌美丽的。诸比丘！这个忿怒的人是给忿所战胜、给忿所征服了。虽然他仍善加沐浴，善加涂香，剪剃须发及着清白的衣服，但他是丑陋的是给忿所征服的。诸比丘！这是第一法为敌人所欲，为敌人所作，是男或女而生忿怒的。（二）复次：诸比丘！敌人这样的希望他的仇敌：'唉！真的令他受苦吧'！……（三）'真的不令他多财吧'！……（四）'真的不令他享乐吧'！……（五）'真的不令他有名声吧'！……（六）'真的不令他有朋友吧'！……乃至（七）'唉！真的令他身坏死后不生善趣天界吧'！为什么这样？诸比丘！敌人是不欢喜他的仇敌去善趣的。诸比丘！这忿怒的人，给忿所战胜，给忿所征服，便以身行恶，以语行恶，以意行恶，为忿所征服者由于身语意的行恶，他的身坏死后，即生到苦界、恶趣、堕处、地狱"；又说："诸比丘！譬如火葬所用的薪，烧了两端，中间烧残而沾粪秽的部分，既不拿至村落应用为薪，亦不于林中应用为薪……诸比丘！我说此人也与这譬喻同样。你现在这样的忿怒，将成不是世尊之教的实行者，成为以忿怒而还忿怒的恶人而不能战胜难胜的战争了。敌人所行之法你现在自己行于自己。你同火葬所用的薪的譬喻一样（无用）了"！

——摘自《清净道论》，（印度）觉音，叶均　译

【注释】

① 十种障碍：住所、家族、供养、学习众、事业、旅行、亲戚、疾病、读书、神通等10种可能对禅定或内观修行成就构成障碍的人

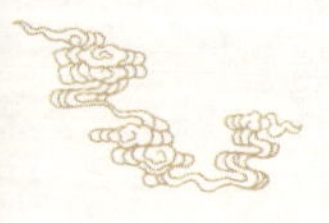

事或处境，禅修者必须在禅修准备阶段就预先破除这些障碍。

② 业处：禅定或内观的方法及其相关所缘。

③ 安止定：色界初禅及以上禅定，以心一境性为核心，修行者心身诸禅支完美的平衡统一，即对禅修的一所缘平等的平正的保持与安置其心与心所。

④ 近行定：欲界定，能够接近心一境性，并生起心身诸相应禅支，但诸禅支未完美平衡统一，譬如乡村等附近称为近村或近城，正如这样的近于安止定或行近于安止定，所以成为近行定。

【鉴赏】

《清净道论》，南传上座部佛教重要的三藏外论著，上座部佛教实践及禅修指导书，上座部佛教国家历代以来的佛学高等教育教材。公元5世纪时，由印度觉音尊者著成，该论汇聚南传佛教整个三藏文献，并参考印度菩提伽耶上座部佛教古代注释文献、斯里兰卡大寺保存的各种古代僧伽罗文的上座部佛教注释文献的作品，在南传上座部佛教的重要史书《大史》中被誉为“三藏和义疏的精要。”本论在全球范围内有多种文字译本，20世纪由中国佛教协会叶均居士译成中文。

全书分序论、正文、结论等共二十五品，以《相应部经》中“住戒有慧人，修习心与慧，有勤智比丘，彼当解此结”偈语注释开始，依戒定慧三学收全书之纲要，开展关于上座部佛教实践详细的论述，全书有1/5的篇幅论述了戒律及阿毗达摩哲学，戒律方面涉及戒律与十三头陀支的分类和实施。阿毗达摩哲学从蕴、处、界、根、谛、缘起六支论述了南传上座部佛教的哲学系统；全书其余4/5的篇幅十分详细地阐述了各种止禅、观禅的实践准备、实践方法指导、境界发生次第、具体禅修实践案例等，囊括了南传佛教三藏记载的所有禅修的方法，其中世间禅定的修法有，青、黄、赤、白、地、水、火、风、光明、虚空等十遍的色界禅修法，十种不净观禅修方法，佛、法、僧、戒、施、天、死、身、安般、涅槃等十随念的禅修方法，慈、悲、喜、舍四梵住色界诸禅定的修法，空无边处、识无边处、无所有处、非想非非想处的四无色界禅定的禅定修法，食厌想及四界分别的禅修方法，各种神通及神变的详细修法。在出世间禅修的观禅修法中，详细介绍了观禅的种种入手方便、观禅的七清净门（戒清净、定清净、见清净、度疑清净、道非道智清净、行道智见清净、道智清净）及十六观智（名色分别智、缘摄受智、法住智、生灭随观智、坏随观智、怖畏现起智、过患随观智、厌离随观智、欲解脱智、审察随观智、行舍智、随顺智、种姓智、道智、果智、省察智）的修行方法次第、除去障碍的方法、修行的验证，以及灭尽定等的实践方法和圣果证得的情况。同时论书还在叙述及比喻中，包含有当时的社会、历史、风俗、经济等，所以也具有很好的文史价值。本选文所出的《清净道论》原为古代巴利语著作，因某些用语简化、段落标记、与中文有不同的用语习惯等原因，所以在原句直译为现代汉语的表述时，会出现语句不通顺的情况。为使阅读通顺易解，同时不影响原文，译者根据原文意，加入了补充语句或词语，以方便现代中文读者阅读，译者所加入文字在选文中都在圆括号内。

本选文为《清净道论》的第九说梵住品的修慈梵住的一节。佛教的慈悲精神为社会所知甚广，如佛本生事中的施身饿虎等菩萨精神故事；而佛教慈悲的理念和修行实践在佛教各宗派著作中也极为丰富，如依知母念恩修行慈悲菩提心等，在印度寂天菩萨的《入菩萨行论》、印度阿底侠大师的《修心七要》、西藏地区的宗喀巴大师的《菩提道次第广论》中多有讲解讲授。但慈悲等心在原始佛教中的禅修，后世禅修专论却少有教授讨论，往往只存有《四

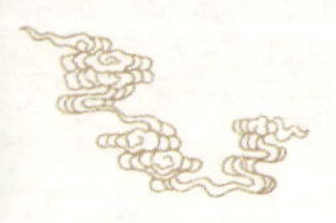

尼柯耶》(相当于《四阿含经》)的经文记载,但详细实践方法口诀多不见后世诸论。《清净道论》不但将慈悲喜舍列为善心法过程,而且依《四尼柯耶》经文,参考印度和斯里兰卡古代注释及口传教授,广大详细地教授慈悲等禅修方法。因此禅修方法所导致的禅定因为与色界以上的大梵天相应,所以称为梵住,依此慈悲喜三种梵住修行最高可达色界第三禅,而依此三禅修第四舍梵住则可以到达色界第四禅成就。慈为慈悲喜舍四梵住禅修之首,成就慈梵住则容易成就其他三种梵住禅定,所以清净道论将此列为本品的第一部分介绍。

禅修的成就,无论何种世间禅定与出世间禅定,都需要有良好的前行准备,包括禅修环境和禅修者的内心条件的具备。所以本节开始,即声明禅修前行准备的种种方便,"断了十种障碍,受持了业处,食事既毕,除去食后的懒睡,在远离的地方善敷座位,安坐下来,最先当观察嗔恚的过患及忍辱的功德……"觉音尊者介绍了修行者需要破除的住所、家族、供养、学习众、事业、旅行、亲戚、疾病、读书、神通等10种禅修的障碍,由于该论之前的章节已经十分详细地论述了阻碍禅修的障碍,所以在此节中仅提及其名。这些禅修障碍的破除经验,有的来自佛陀教授,有的来自历代传承修行者的经验总结。禅修者无法避免这些禅修障碍,即使再精进禅修,也不可能成就一分的禅修觉受。而在禅修之初,禅修者当有正确的发心动机,所以教授慈梵住禅修时,即先修行观察嗔恚的过患及忍辱的功德作为前行方便,此所谓转其原来烦恼的自心向于禅修的正法如理如法思维而调伏之,这样的做法符合各类禅修和心理发展和倾向性规律。觉音尊者同时以佛陀教授慈悲的种种偈语经文激励禅修者,是禅修者能够顺应禅修成就的心行,获得修行的正确基础与精进的积极动力。

在破除了禅修的内外共同障碍之后，本论介绍了破除相关慈梵住禅修的初修者所具有的特殊障碍，即避免先对不爱的人、极爱的朋友、中间人、无关者、敌人、异性、死者修习慈心。

这里或许有疑惑：既然慈梵住禅定所相应心法为慈心遍布一切方一切众生，现在这样避免这么多人的修行岂非与佛陀教授之法及经典相违背？

答：因为对于慈梵住禅修初修学者，他们的慈心尚未生起，或者慈心虽然已经生起但相对羸弱，这时候不准确地选择错误对象修行有可能引起禅修者的烦恼或者导致禅修的慈心觉受根本无法生起。所以在开始要先避免对这五类对象的禅修慈心。但到慈心的禅修已经能够坚固、运用熟练时，这时候破除各种人的界限而平等的禅修慈心，就是必须并且可以的了。本节举出详细的案例来说明初修者选择错误的对象修行慈心可能发生的不良后果。

在介绍了慈梵住禅修可能发生的特殊错误后，论述开始进入慈梵住禅修的修行，由对于自己修行慈心开始入手。这就是慈梵住禅修的真实入手处。因慈梵住禅修不是依“色相”（如色遍禅、不净观等）、“功德”（如佛法僧等随念禅）、“思维智”（如四界分别等）为禅修所缘境的禅修，而是依靠“慈心感受”为所缘境而生起发展的禅修，所以能够依种种对自己的慈爱，而感受他人所需要的慈爱，这样既能迅速生起慈梵住禅修的慈心觉受基础。觉音在介绍慈梵住禅修的同时，还总结经文和注释书的教授，以自问自答的方式协助阅读本论的学修者解除内心可能生起的种种疑惑，使禅修学习者理解入手的合理性和必要性，更以“以心遍察一切的方向，不见有比自己的可爱；他人都是爱他自己的，爱自己的不要害他人”的佛陀偈语提供了经典圣言量的依据，使获得禅修的信心。

在建立对于慈梵住禅修的入手后，依此修慈所获得的慈心感

受基础，觉音进一步教授扩展慈心的种种阶段，即对可爱者，对一切人修慈心的遍布。次第教授如法如理，充分总结了南传上座部佛教，并保留了禅修精华，使禅修者有理有据也有次第地得以发展禅修觉受。

在充分修习对于一切人的慈爱之后，觉音以很大篇幅介绍了对怨敌修慈的种种方便，协助禅修者能够以种种心理调节的禅修技巧、教理解释的思维、故事启发的方法等方便破除禅修进步的障碍。由于篇幅关系，本节尚有许多禅修方便教授无法论及，有发信者可以阅读《清净道论》的相关章节。

这里论述的慈梵住禅修教授修行与北传佛教中某些流传的包含慈心修行的菩提心次第颇有相异的地方，北传佛教某些教授中往往先对怨敌修慈或者开始即以无分别而对一切人修慈，或对少数大根器的禅修者适用，但对于一般禅修者，此类方便往往可能适得其反，非但无法成就预期禅受，反而由于此不适用而生起内心种种冲突、自责、自卑等障碍。所以能够学习和参照南传上座部佛教的适用通常根器的禅修教授与次第，反而获得事半功倍之实。同时也凸显觉音尊者与南传上座部佛教历来脚踏实地的禅修作风，适应众生不同根器的教授方式，格外可贵。

第二十章 有关“正念”的一些省思

2011年至今，在与卡巴金等为代表的西方正念教学各个系统的老师接触之后，我逐渐发现，西方目前教授的正念体系也是十分复杂的，有十分忠实于亚洲传统教学的正念；也有已改革了的与亚洲传统正念十分不同的“正念”；还有卡巴金等尝试脱离文化属性而传播的正念。正念一词开始被赋予各方自己所意愿的意义而在传播中失去原貌。

西方心理学目前教授的正念，可能部分源于佛学传统，但也有很多自己的改变，它们之间可能有相同性，但也有很大的差异性，不能简单地将它们混同或者一体化。佛学正念和心理学的正念目标首先是十分不同的，其次，在方法和练习深度上也是差异巨大的。

省思一些正念的研究，其中是存在一些混淆研究的问题的，如著名的世界上最快乐的人的脑科学研究，研究目标所练习的方法并不是正念，而是关于慈悲菩提心禅修的行者。而另一些研究呈现出练习正念可以增厚大脑左额皮层，也未必能证明什么，因为增厚额叶皮层对人类个体来说未必一定是件好事。基于此，目前持续发展的西方心理学的正念更需要证伪的科学系统作为基础，而不是被一个科学实证主义的信仰系统来支持。幸好，目前西方心理学家和科研人员也越来越多地注意到这样的情况，而展开了一

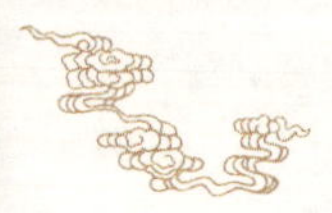

些反思性的研讨和研究。

本文就是在这样的背景下，经历这样的思考，发表于2013年第四届戒幢论坛：佛学与心理学对话会议上的。

正念（英译为Mindfulness），来源于亚洲佛教四念住（Satipattāna）禅修传统，在西方社会经过百年来的发展，近10年来其影响在西方社会日益扩展，但也在发展中出现了一些歧义。在2006年（乔·卡巴金，2006）后正念疗法渐渐进入中国，尤其被心理学界所关注，当下及未来有迅猛传播和普及之势。而今天，我们如果能从心理学学科研究的视角和亚洲本土佛教文化视角对正念有所反思，澄清疑问，则对当下的接受和未来的发展有诸多意义。

一、正念的内涵

正念，来自巴利语Sati一词，Sati在英译包括memory（记忆）和mindfulness（正念、念住，Sati加后缀pattāna即Satipattāna，指称四念住禅法）。四念住一般特指禅修者通过对身受心法的系念，如实洞察身心生灭变化规律，而放下执着的佛教禅修方式。Satipattāna一词中，念（sati）这个字词源自其原意“明记”（samsarati），正念就是意味着“当下的觉知，专注于当下，警觉与觉醒，并非依着过去的记忆力；住（patthana）意味着严密、稳固坚定地建立、用功与设立”。把这两个词缀合起来的话，整个缀字的意义即是：对于所观察的目标建立起严密、稳固不动摇的觉知（班迪达尊者，2011）。缅甸的班迪达尊者认为“observing power”（观察的力量）是Sati一词比“mindfulness”更为恰当的英语翻译，虽然mindfulness的翻译已经十分常见。

正念或四念住，和观禅（vipassanā bhavanā，或译为毗钵舍那、内观）具有接近的意思，唯按《四念处经》的传统，四念住尚包括不净观、身念住、界分别等止禅（samattha bhavanā）的世间禅法部分，而观禅则是完全的对身心等一切现象加究内观察的出世间禅法。

在当代西方社会，正念或观禅也有称为“洞察性冥想”（Insight Meditation）。Insight Meditation和西方词语的Meditation有十分重大的区别，Meditation是一个比较模糊的概括性概念，以这个词语在过去作品和运用中指称的对象（如瑜伽冥想、超觉静坐、道教打坐、天主教退隐冥想等）来说，大致相当于佛教止禅（samattha bhāvanā）的内容。在当代发展中，西方佛教禅修者，特别是那些十分重视观禅的禅修者，用Insight Meditation来特别标示他们的禅法与过去只相当于止禅的Meditation不同之处。同时正念、念住

等也不是Meditation。

佛教进入西方社会后,"二战"前后有西方禅修者开始学习正念,杰出的如西方三比丘,其中向智尊长曾经跟随缅甸的马哈希长老学习观禅等,而缅甸和泰国的佛教团体也向西方社会开始教授此一禅法。在1970年的西方嬉皮、雅皮时代,渐渐有更多的人开始关注各种佛教禅修,由于这些情况,虽然开始的教学有些混乱,但随着发展,这些教学也渐渐正规起来。在1990年之后由于一些佛教团体在西方社会与各界的对话和介绍,以及相关科研成果,在西方社会的参与学习接纳正念的人数爆炸性地发展。

二、当代的正念

在西方社会,生物学家和禅修者卡巴金等人,在1980年前后在美国通过对韩国禅宗和南传佛教内观禅的学习,并整合西方文化,发展出著名的正念减压课程(Mindfulness-Based Stress Reduction, MBSR),之后一些心理学家将正念练习整合进抑郁治疗而发展出正念认知疗法(Mindfulness-based cognitive therapy, MBCT),同时还有曾经在泰国出家后还俗的美国心理学家杰克·康菲尔德创建的磐石禅修中心,杰克·安格勒等在禅山禅修中心做的各种禅修教学等。

卡巴金在其著作中对正念的定义是,"正念意指以特殊的方式专注:刻意、当下、不加判断,这种专注可滋养出更多正知、清明智慧,并更能接受当下的实相"。这个定义与佛教四念住的原始定义有一定区别。实际上,当代西方的正念其实并不只是一种单纯的禅修,而是一个包含各类复杂禅修的单词。在西方一般的禅修语境中,正念有时指所有佛教中对身心现象做禅观的方法。它可

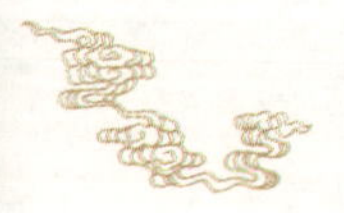

能是指东南亚的观禅和四念住、禅宗的默照禅、藏传佛教的大手印和大圆满等，但这些禅法在亚洲佛教传统中其实是存在区别的，这些区别并非仅仅是佛教宗派名称的区别，实际上是在其禅修的哲学和用心上各有侧重，结果可能是十分不一致的，这些在亚洲佛教各派系交流的历史中多有呈现。同时，正念一词在西方社会的语境中，特别在心理学的一些使用中，会被解释成一种对当下注意力的培养，或是对自我接纳的练习，也有被解释为是在当下世界变化的环境中一种如何应对时事的存在状态的练习，而这些与佛教正念所教授的对身心生灭实相的观察及放下有相当的区别。而目前北美社会对此差异的关注是相对忽视的。

西方社会最主要关注的似乎只是佛教禅修的技术实践部分，以及如何运用佛教适应生活，这也是美式佛教中许多禅修者所传递的一种实用主义的文化。但这只是初期的状态，未来会有变化。这一情况的产生是由于佛教在基督教文化流行的欧美社会毕竟不是主流，而学习者了解的内容又有限，虽然我不排除北美社会也有认真区分佛教派系之间不同的讨论。其实类似这样的情况也发生在中国，一般的中国人是不清楚天主教、东正教、基督教之间除了名字不同之外，究竟还有什么哲学、信仰、实践上的区别。西方社会所传导的正念，其实是需要考量和评估后才能接受的禅修方法，不是所有正念都是类似的，也不是所有正念名下的禅修都与佛教正念相关。而在当代正念在西方的传播中，其实新时代的大同思想也一直影响着正念的教学，某些教师的正念教学其实在见地认识上并不和佛教相关或者是有混杂的见地，印度教、苏菲派、天主教等相关的见地内容往往结合在他们的正念教学中，其实这和正念的原始状态和初衷是有一定距离的。所以，正念在中国的接受、学习、翻译、实践，是一个值得谨慎和深思的议题。

三、正念在运用和研究中的探索

正念在当代的发展和成就为心理学界、医学界等相关学科所瞩目。据ISI的统计，以“正念”为关键词或出现在摘要中的搜索，相对支持“正念”运用有效性的科研成果在2000年后突然呈现几何数的增长，而这些科研效果也推动了正念在社会各界的普及。

在正面发展如此光明的情况下，其实疑问也是存在的。如在1980年，就有报告边缘人格、自恋人格性患者练习正念会导致一系列阻碍康复或恶化病情的问题的情况；还例如有些来访者利用正念或信仰形式来防御内部的空洞感，而引起更严重的心理问题（Elisha Goldstein，2009），或者在正念练习中导致精神疾病发生（Jack Engler，1986）。但到今天，其实这些意见因过多正面研究结论的出现而有被忽视的倾向，但在临床心理咨询中，偶尔会接受到因为练习正念或禅修而出现心理困扰的来访者，也有一些人格障碍来访者因为练习正念而变得难以工作。其实过去正念是否适合所有来访者这一临床问题在当代正念教学中并没有得到解答，而这却是在未来正念的运用中应该引起足够重视的事。

在正念科研报告的介绍方面，也存在一些对报告的误解。例如美国2006年对尼泊尔地区藏传佛教中的具有多年闭关经验的多名禅修者所进行的脑功能研究，其结果部分只是关于止禅的（samattha bhāvanā），但却被运用在正念的宣传上；而另外一些研究对象的禅修方法并不是正念禅修，他们是大手印和大圆满禅修者，这些禅修者在禅修的用心方面是十分不同于正念禅修的，这两类禅修最大的差异是，正念属于观察性，会强调观察对象，而大手印和大圆满禅修并不是观察修。而这些科研结果被用于为正念禅修的效果宣传，其实当中存在误导。相关的区分理清，对更加精细

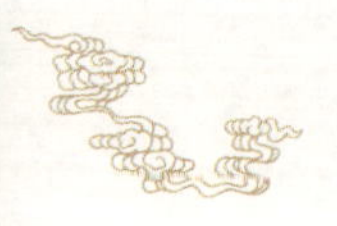

化正念以及其他禅修方式的科研是十分重要而不能忽视的。

另外，在临床中也发现来访者的正念练习和团体效应、语言暗示效应可能存在一定的关系。不少参加多天正念密集课程的来访者效果明显，但一旦离开团体之后，往往会产生一定的退步，或者放弃练习，效果往往不能持续。这说明团体效果在练习中起到了影响。一些练习者也发现，正念与传统佛教四念住禅修存在一定差异，传统禅修一般是老师教学后，学生独自或者团体练习，而目前正念一般是通过工作坊形式进行，事后通过录音来进行禅修，老师的语言引导往往比传统四念住禅修更多，练习的学生往往受到不少语言层面的暗示影响，同时一些学员对教师本身的理想化心理过程也促进了练习者心情的改变，因此这些变量也需要被关注。它可能包括我们尚未注意到的禅修现象。

四、正念在中国的传播问题

正念，在全球范围的发展，特别是在中国的发展，其实包含着三个可以讨论的部分：一、佛教禅修的发展；二、佛教与心理学、健康医学的边界问题；三、正念的商业化。

一、佛教禅修的发展，本身带有一定的传统性和保守性，禅修是需要遵循一些传统的方式。所以有学者（沈卫荣，2013）质疑，目前美式佛教或说西方佛教过度重视禅修这一技术，而忽视和回避文化和教理哲学的作用是否符合佛教本身的意义。而佛教本身的教理对禅修是影响重大的，是否可以剥离教理来教学禅修。当代中国的汉地佛教一直在吸收如南传佛教、藏传佛教的一些教理和禅修方式，而现在欧美佛教又开始以它独有的实用主义形式影响中国佛教，但欧美佛教包含着一些复杂的西方文化的佛教解释，

有时候甚至会是有歧义的误解，这些要如何消除和吸收，是一个十分重要的问题。

二、正念在佛教与心理学、健康医学界渐渐传播，而广为传播是可以预见的未来。但在这里，是否需要理清佛教与心理学、健康医学的边界？心理学、健康医学本身并不是一个信仰范畴，而正念这一特殊的方式，要如何确保其被正确地运用，而不是被误解，究竟在其中应该怎么定位是值得思考的。面对一位可能没有佛教信仰或者有佛教信仰的参与者，心理学家和健康医学家正确介绍正念，至少在中国社会都有一种特殊的情况，而其实目前西方基督教社会对心理学家、医学家教学要求自己练习正念来治疗是一个正在商榷的问题。因此如能给出合适的边界预设，将更有利于佛教、

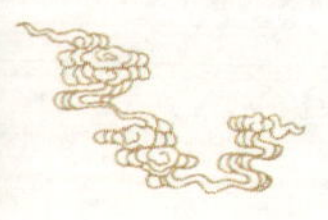

心理学、健康医学界的各自不同背景下的正念禅修的传播。而同时，佛教也需要明白对自己来说，心理学和健康医学中的正念的内涵、范围和目标是十分不同的。而这些的理清有助于避免未来的混乱。

三、正念的商业化问题。这个疑问，主要来自这样的思考，即正念究竟是一种世俗化的消费品，还是一种佛教的解脱禅修？如果忽视这一问题，那么佛教禅修显然将面临世俗化的结果，那并不是任何信仰希望的结果。商业化来自西方社会本身的禅修收费原则，正念同样也面临这样的问题。在中国，佛教禅修的传统教学是慈善性质的和免费的，这是佛陀制度的戒制，是为了保持正法不贩卖的原则。但在西方社会的欧美佛教不少有禅修收费制度，这其中原因和当年的新时代灵修经济相关，也和西方文化相关（但西方天主教、基督教的传习似乎没有收费的习俗，所以禅修收费是一个十分特殊的现象）。未来正念如果进一步被商业化，如不涉及信仰层面，只作为心理保健、心理康复手段，在非佛教信仰的人群中传播或许是可以理解的，但过度商业化的正念传播则是有问题的，而且可能会将正念误导到一个不良的发展中去。

希望正念在各界正确和健康地传播，有更好的未来。

参考文献

1. 乔·卡巴金：《恢复理智》，世界图书出版公司2006年版。
2. 班迪达尊者：《念处之意义》，佛教内部流通本，2011年。
3. Jack Engler. Transformations of consciousness: conventional and contemplative perspectives on development. *New Science Library*,1986.
4. 乔·卡巴金：《正念：身心安顿的禅修之道》，海南出版社2009年版，第3页。

5. 杰克·康菲尔德:《当代南传佛教大师》,台北圆明出版社1997年版。
6. 杰克·康菲尔德:《踏上心灵幽径》,深圳报业出版社2009年版。
7. Elisha Goldstein, PH.D, *What Everyone Should Know About the Dangers of Meditation*, 2009
8. 沈卫荣:《西藏、藏传佛教的真实与传说》, 2013. http://www.guancha.cn/ShenWeiRong/20130921174118s.shtml, 2013.
9. A. P. Buddhadatta Mahathera. Pali-English dictionary. *Singapore buddhist meditation centre*, 1999.
10. 丹尼尔·西格尔:《第七感:心理、大脑与人际关系的新观念》,浙江人民出版社2013年版。

第五编

来自佛学的心理学案例

在佛学与心理治疗对话的过程中，我曾经遇到一些中国心理学者，他们质疑佛学是否有可能作为当代心理学的对话方向？我个人对这种怀疑的态度是十分支持的，这本来就是心理科学工作者应该有的精神。不过，另一个方面，这种过度怀疑的立场之所以产生，除了极个别是个人的狭隘偏见外，大部分人的原因是不太了解佛学历史里也存在相关心理学的案例。所以提供这样的佛学历史上的心理学案例就十分重要了，目前中国台湾地区的余德慧教授、林朝成教授、黄创华博士等也正在组织心理学、精神医学、人类学、佛学团队进行这方面的文献整理和发掘工作。在亚洲古代社会，也就是心理咨询与治疗产生和进入亚洲前的2 000多年中，佛学对亚洲人民来说，很大程度上担任了心理咨询与治疗学科的角色。

本编组织了8篇来自佛学的心理学案例，分成三章组织，第十五章佛学历史中心理咨询的案例、第十六章两篇应对恐惧的古代文献、第十七章丹增旺嘉的黑关经验，其中有的是佛学历史上著名的心理治疗案例，有的则是提供心理学深度研究的人类学案例。相关的佛学文献资料还十分丰富，但因为本书篇幅有限，所以只选择了文献中比较经典的案例。

本编中的部分文献是古文或者是佛学内口耳相承的传说，为方便读者阅读，都以现代汉语形式在不失原义的情况下进行了重新撰写。对案例的文献出处导言中尽量给予了说明。

第二十一章 来自佛学的心理咨询案例

一、复活生命的芥子

本篇案例出自《长老尼偈》,《长老尼偈》是佛学早期经藏的组成部分,记录了佛学最早期——即佛陀时代的弟子传记言行偈语,高得密(Krisha Gotami)长老尼即其中的一篇。同时,在其他

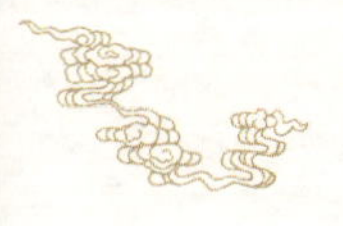

佛学三藏文献和后期佛学论书也有提及，例如现代著名的生死学著作《西藏生死书》中，索甲仁波切提到的乔达弥丧子的故事中的乔达弥，就是《长老偈·长老尼偈》中的高得密长老尼。

本案例从当代心理咨询与治疗的视角来看，即使最严格的角度，都是一例不折不扣的治疗丧失亲人之心理创伤案例。佛陀运用了很有智慧的谈话心理治疗策略及行为检验策略，协助高得密在心理创伤中得以康复。

当2 500多年前佛陀在印度菩提树下觉悟，然后游化印度大地的时候，我们这个故事的主人公也生活着，她的名字叫高得密（邓殿成，1997）。高得密按照常人的发展，出生、成长，然后成家进入婚姻。在成婚后不久，她十月怀胎生了一个儿子，她尽其母爱所能照顾这个孩子，希望让这个孩子长大成人。在她的悉心照顾下，孩子一天天地长大。养育孩子长大的过程，虽然是辛苦的但也是温馨的，看着孩子慢慢知道了妈妈，望着他向自己的微笑，高得密从中体会到生活的幸福。随着时间的流逝，慢慢地，孩子由爬变得开始会学习走路了……

但那个时代的死亡率是比较高的，不幸不久就降临在高得密的头上，那个孩子在1岁时候得了病，高得密开始还以为是一般的疾病，去四处求诊治疗，但没有结果，看着自己孩子的病一天天变得严重，而又无法治疗，她担心焦虑起来……最后，小孩因为疾病无法医治在1岁多就夭折了。

高得密遭此打击伤心欲绝，当家里人准备火化孩子的尸体时，她不让周围的人接近孩子的尸体，她不承认她的孩子已经死去了，她就像疯了一样紧紧抱着孩子的尸体在整个城市的街道上奔走，碰到人就问："是否有药可以让我的孩子复活？"

有些人不理会她，有些人嘲笑她，有些人认为她发疯了……但她继续边走边说："我一定能找到懂得解救我的孩子的人。"

最后她碰到一个人告诉她，世界上只有佛陀一个人能够为她施行奇迹，让她的孩子复活。

高得密问道："那佛陀在哪里？我马上要找到他。"

于是那个人指给她通向佛陀所在的僧团驻地的路。

高得密根据那人所指的方向抱着孩子的尸体找到了佛陀驻地，向佛陀敬礼，然后站在一旁问道："佛陀，人们说您知道治疗我孩子的方法，是真的吗？"

佛陀答道："是的，我知道。但你先需要去准备一些东西才行。"

"那我需要准备什么才能让我的孩子复活呢？"

"你去找一些芥子。"

"我一定能找到的。"

"但是，那不是通常的芥子，而是一种特别的芥子。"

"佛陀，那是一种什么样的芥子呢？"

"去向一个未曾有子女或任何人过世的家庭要几粒芥子！你只要能要来那些芥子，我就能使你的孩子复活。"

"太好了！长者，我马上去要。"高得密回答。

她向佛陀敬礼，然后就抱着孩子的尸体赶快跑向城市，去沿门挨户地询问这一种芥子。

高得密停在第一间屋子前，问道："你有芥子吗？佛陀说芥子能治疗我的孩子。"

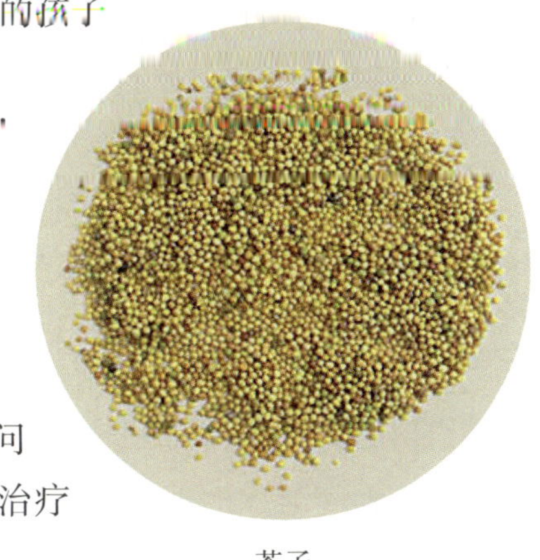

芥子

屋主于是就进屋拿了一些芥子给她。

高得密接着又问："朋友，您家里是否曾经有亲人死去过？"

"高得密，你在问什么？这家中过去死去的人比现在活着的人还多。"屋主有点莫名其妙。

"那请您拿回这芥子吧！它们并不能治好我的孩子。"她说着便把芥子退还给屋主。

接着她就这样一家一家沿门挨户地询问和乞讨，走遍了整个城市，她始终找不到所要的那种芥子。最后，她只能抱着孩子的尸体回到佛陀那里。

佛陀问她："你找到使孩子复活所需要的芥子了吗？"

"哎！没有能够找着！"

这时候她突然想到，"噢！这的确是一件难办之事呀，我以为只有我丧失了孩子，原来整个城市中，死亡的人却比活着的人还多呀！每家都是死过人的。"

据说当她这样思考孩子死去这件事情时，本来疯狂迷失的心恢复了理智和平静。

佛陀这时候教导她："世界有一个永不改变的自然规律，那就是一切都在变化。你需要了解这一点来超越忧愁悲伤！"

高得密了解接受了这一教导，顶礼佛足，然后火化了孩子的尸体。

在佛陀时代，类似的佛陀治疗的案例还发生过很多例，在《长老偈·长老尼偈》中多有记载。

二、树木的碎片

《阿含经》记载了这个案例，这是有关处理痛疼的案例：佛陀意外遭遇脚伤，而无法走路，他应对了脚伤带来的痛疼，最后安然度过炎症期，获得痊愈。这是一个十分写实的案例。佛陀晚年其实还受到过外伤、背痛、肠胃疾病等的侵袭，但都能够很好地应对这些局面，这和佛陀本人应对这些疾病时具有正念的态度十分有关。

当代西方心理学界在医院痛疼病房，运用正念减压课程及其原理，在帮助受到各种生理性或心因性痛疼困扰的病人方面，取得很好的减轻痛疼或者有效处理痛疼的成就。

有一天，佛陀和侍者阿难在黎明时分起身，禅坐到太阳升起，然后踏着清晨的阳光一起从驻地鹿野苑走向王舍城去托钵。这已经是佛陀每天的生活惯例了。

在鹿野苑到印度王舍城之间有一片草地，这天，佛陀以宁静的步伐像往常一样经过这片草地时，脚下突然传来一阵剧痛，赶忙弯

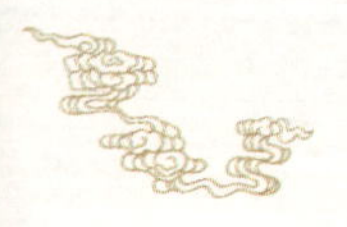

下身去检查时，发现原来是不慎踏在一块散落在草丛中尖锐的树木碎片上。由于当时印度人的风俗习惯都是不穿鞋的，光着脚丫踩在一块木刺上可想而知会是什么后果——脚底已经被木刺深深刺入，当木刺被拔出来时，鲜血一下涌了出来，伤口很深（相应部，碎木片经；别译杂阿含卷十四第十九经）。随从的阿难尊者这下有点慌了手脚，只能帮佛陀稍事包扎，然后扶着佛陀赶快回到驻地鹿野苑休息。

但到了当天晚上，佛陀的脚已经肿得很厉害了，而且伤口似乎没有停止渗血。

阿难问佛陀："世尊，现在的脚是更疼痛了吗？"世尊是阿难等弟子对于佛陀的尊称。

"是的！阿难，现在疼痛得很剧烈。"

"那么世尊，能够忍受吗？"

"阿难！虽然剧痛犹如两个力士绞着一个人在烈火上烧烤一样，但能够忍受。"

……

这么疼痛持续着，到了中夜时分，佛陀坚定自己的正念，把僧衣为四重，两足相叠，以作右胁狮子卧深入禅定，而以宁静和欣悦之心使自己暂时摆脱疼痛。

第二天、第三天，佛陀脚伤的炎症和肿胀并没有消失，而且变得无法行走。每天只能由阿难尊者去王舍城托钵乞食，然后带回来给佛陀食用。

当时并没有我们现代的良好医疗条件，没有随处可见的医院或者卫生所，佛陀没有得到迅速治疗，炎症加重了。

佛陀的在家弟子医生有生听到了这个消息，赶来给佛陀治疗，虽然医术高明，但也不能马上使佛陀脚部的炎症肿胀消失。

到了第四天，阿难担心地询问佛陀："世尊，今天的脚痛是否减轻了？能够行走了吗？"

"阿难，今天的疼痛并没有减轻仍然是继续增强，不能行走。"

阿难内心想着，"不知道是哪里来的石头，真是倒霉。佛陀的脚伤这么严重，是否今后都会无法走路了，或者更加严重啊！"想到这里，更加焦虑担心起来。

佛陀看见阿难焦虑的样子，告诉阿难："阿难！世间的人在遭遇痛苦时遭遇两支箭，而觉悟者在遭遇痛苦时只遭遇一支箭。所以阿难，世尊可以平静地承受这一疼痛。"

"怎么说呢？世尊，你的脚伤很厉害啊！"

"阿难，就如同一个聪明人不慎进入了战场，被射中一支箭，这个人发现自己被射中了，就会以最快速度离开战场并且去接受治疗，而不去继续在战场上探索这箭的来源、谁射的、或者以后又会如何；不聪明的人不慎进入了战场，被射中一支箭，这个人发现自己被射中了，非但不以最快速度离开战场，而是去继续在战场上探索这箭的来源、谁射的、或者以后又会如何，这样他很快会被射中第二支、第三支，乃至更多的箭。

而我的脚伤也是如此，已经为石头所伤，也已经处理了伤口。

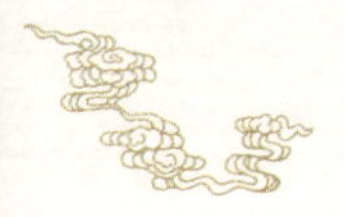

虽然疼痛，那只是身体的疼痛，心却不去懊恼，因为这时候再去无谓懊恼为什么脚伤了等只会平添烦恼，伤口却并不因为这些懊恼会更加快地痊愈，反而可能更加严重。聪明的人，虽然身体上有苦痛，但心灵上不一起去苦痛。不聪明的人，当他们身体上遭遇病痛时，不但身体上苦痛，心也一起跟着无谓懊恼，但与事何补呢？”

当佛陀开示了阿难这样的道理后，继续保持对于自己伤病的正念觉醒，体察身体依照自然而变迁的因果规律，有时候他训练有素地深入禅定宁静中安住。他以这两种方式坦然承受脚伤带来的一切疼痛。

不久之后，佛陀以自己独有的内心宁静，明智地应对了脚伤疼痛，度过了炎症期，脚伤一天天地好转了。

传说，有众多的天神看见了这一切，因此也来赞誉佛陀的忍耐力和明智，“佛陀不为身体生起的强烈痛苦而无谓懊恼，能够制服自己的烦恼，正念明智具有忍耐力，实在像是狮子龙象一样有力。”

三、相扑手

禅，是印度佛学在中国文化背景下的一种创造。禅在古代的汉文化社会中具有很重要的心理疗愈的作用，这样的案例比比皆是。本篇案例中的大波先生，很类似一个在竞技运动中因自信不足而患有某种环境恐怖症的来访者，日本著名的白隐禅师运用一个现在看来很行为主义的观想的方法，帮助大波先生克服了自己内心的困扰，恢复了自信，也获得了应该获得的成就。

本篇案例源自美国李普士编撰的著名的禅宗案例集《禅的故事》（李普士，2004）。

大波先生是日本一位相扑高手。从小他就在一位日本的相扑高手门下接受了良好的训练，加之他天生体格强壮有力，所以在相扑技艺上突飞猛进。

在训练相扑时，他的同学没有一个是他的对手，只要交手几个回合就会被他轻易击败。最后甚至连他的老师也不能战胜他。这样一来，他的老师就选他做他们相扑道场的代表，去参加全国的相扑比赛。

大家怀着期待的目光观望在比赛场上的大波，希望大波能凯旋归来。但结果却让大家大跌眼镜，当无数双眼睛注视着强壮有力的大波上场后，发现他连最差的选手都无法战胜。任何一个选手只要向他一瞪眼，就足够让大波彬彬有礼地输掉这场比赛。平时在练习场上把强大的力量、熟练的技巧显现得通畅淋漓的大波，

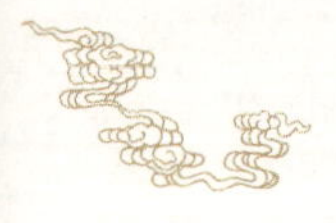

在比赛场上却像一只任人摆布的小猫。对手只要一进攻，他就顺从地倒在地上；对方只要轻轻一推，他就一个倒栽跟头翻到场外；对方只要一拉，他就一个狗吃屎扑倒在地。大波的老师和同学们觉得惨不忍睹，羞愧万分，几乎要找个洞钻下去，以逃避这个可怕又令人羞耻的现实。

大波就这么被淘汰出局，大家以为他身体出了什么状况。“大波，你今天是不是身体不舒服？”

“对不起！今天我一看见对手就脸红手软，就想到打不过对手。”

“不会吧！大波，你连我们老师都能轻易战胜，而老师以前可是相扑的绝顶高手啊！”

“但我不知道该怎么办！”

“不要紧！大波，一切都会过去的，可能只是今天吧！下次会好的，努力！大波！”老师还是深信这是一次偶然的失败，并继续鼓励大波。

过了不久，大波又参加了几场相扑比赛，但结果并没有如老师预料的那样，能够战胜对手，而是在比赛中输给了每一个对手。

“大波，你到底是怎么搞的？”

“对不起！老师，我……”大波在老师面前惭愧得面红耳赤。

“大波，你平时练习时的力量、技艺和勇气呢？”

“平时是有啊！可是老师，我一上场就不知道怎么全没有了，我觉得在对手面前我就像只小猫一样无力，然后脸红腿软手抽筋。”

大波的老师和同学都对着大波干瞪眼没有办法。

就这样，大波慢慢成了最不被看好的相扑手，他参加的比赛几乎没有任何悬念，再差劲的相扑手也能轻易战胜他。所谓逢赛必输。

大波在生活中也因此变得自卑起来，他心里想着：我是一个怯场的相扑手，没用了。

白隐禅师

这时候，日本著名的佛教禅师白隐正好游方路过大波所在的城市，在城市的一个小庙中歇脚。传说白隐禅师是一位开悟的禅宗大师，并风传他具有神奇的力量和智慧。

有一天一个同学和大波喝茶，聊起明天大波又要参加一场相扑比赛，大波愁上心头。

这时候那位同学提起了这位白隐禅师的神奇传说，然后建议大波不妨去拜访一下白隐禅师，看看对于他在比赛中的表现有什么好的建议，或许能够解决问题。大波于是接受了这个建议去了白隐禅师歇脚的寺庙。

大波怀着得到神助的心情拜访了白隐禅师，白隐禅师问起他的来由，他说起了自己在相扑场上的怯场经历，问白隐禅师是否有什么神奇药方或者给他以神奇的力量。

白隐禅师说他虽然没有神奇的药方和神奇的力量，但有一个神奇的方法可以教给大波，这个方法一定能让大波在比赛中战胜一切对手。

“真的吗？”

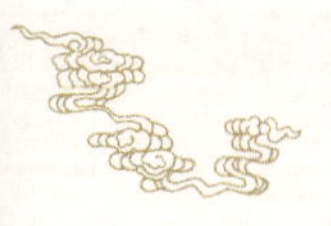

“真的。我们现在来学习这个神奇的方法。”

“好啊!”

“你的名字叫大波吗?”

“是的!禅师。”

“好,我们就从大波这个名字开始吧!大波,也就是巨大的波涛。”

“是的!”

“今天晚上你留在我的寺庙中过夜,不过夜里你需要把自己想成是大海的波涛。”

“怎么说呢?”

“大波,你把自己想象成大海的狂涛巨浪,而不是一个怯场的相扑手,你就是海涛本身,想象你就是台风引起的海浪,并且去摧毁所有的事物。”

“喔!我会去做的。”

“呵呵!这可是个神奇的办法,你只要一直去做,不久就会成为日本相扑界最伟大的相扑手,一扫你过去的耻辱。”

大波被这么一说,心里充满了信心,“禅师,我会好好练习这一方法的。”

“好,大波,你好好去练习吧!我去休息了。明天听你的好消息。”

禅师走了,大波在禅房里坐着,他开始尝试想象自己是海浪,起初他还有点腼腆,觉得把自己想象成海浪好像有点难为情。不过他在“神奇的方法”“不要再给老师丢脸,要获得比赛胜利”等想法下,慢慢能够把自己想象成海浪了。

先开始时还是轻轻拍岸的海浪,想了一会儿,大波觉得有了某种感应,就加了把劲,想象台风袭击日本岛屿的景象,这时候海浪就越来越大。慢慢的,想象中有了大风的声音,台风引起的海涛巨浪冲击着岛屿。这时候，房间像消失了，寺庙也慢慢消失了，巨大且咆哮的海浪孕育着无限的力量，似乎摧毁了一切。大波这时已经忘记身在何处，好像他就是海浪，他体验着台风和海浪摧毁一切的成功感觉……

到了天明时候，禅师发现大波仍然坐在禅房里，于是过去拍拍大波的肩膀，叫醒了他。

"大波，你昨天晚上将自己想成海浪想得怎么样？"

"谢谢禅师，感觉很好，我想象自己成为袭击日本岛屿的巨大台风和海浪，好像能够摧毁一切似的。"

"好！大波。现在没有什么能够烦恼你了，你只要在比赛中把自己想象成这海浪，就可以去横扫一切，战胜所有对手了。"

"禅师！麻烦了。"

就这样大波告别了白隐禅师，然后去了相扑比赛场。所有的人看见大波要上场了，都笑嘻嘻说，这个常败将军又来输比赛了。

大波上场前，回忆昨夜的海浪，将自己想象成摧毁一切的台风和巨涛。

当他再一次开始比赛时，他以前练习时的所有力量、技艺、勇气全部在比赛场中发挥出来了，他大吼一声，像一头狮子一样冲向对手，对手还没有反应过来，已经被大波击倒在地……

据说自此之后，在那个时代，全日本就没有一个相扑手是大波的对手了。他成为了"大波——孤独求败"。

四、想拍长老光头的在家人

这类似于一起强迫倾向的咨询过程，真实案例记载于记录泰国丛林高僧言行的《熄灭之时》(阿姜放、塔尼沙罗，1996)中。经

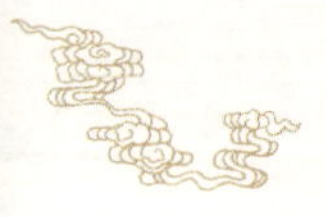

泰国禅师阿姜放

过几千年的心理讨论和禅修摸索，佛学对心理规律已经十分了解。本篇案例中，那位女性被自己一个强迫念头所纠缠，长老阿姜放与接受的态度和心灵的介绍，让这位女性得以从自己的念头中解脱出来。

在东南亚的国家，许多在家的佛教徒都会去寺庙为出家僧人做义工，或者参加寺庙的禅修训练，在那里这是很平常的事情。这个故事就发生在一次禅修的训练班中。

有位女子佛教徒去寺庙学习佛教的禅坐课程，讲课的老师是他们那个地区德高望重的著名佛教长老。据说那位长老是精通各种佛教禅座的老师，这使这位女子在家人对于要讲授课程的长老满怀崇敬。

大清早，这位女子就到了寺庙，她和大家坐在寺庙的会堂里，一起听长老开示佛教的哲理和怎么禅修的具体方法。这位长老的讲授在那位女性听来，是如此充满着智慧和经验，她不由得喜出望外，心想这次来学习真是值得啊！长老在演讲教授了几个小时后，让大家开始在会堂里一起练习刚才教授的禅坐。

这时候，长老也在会堂前方开始进入禅坐状态，旁边的人也都静下来开始练习。那位女子也准备按照要求开始，不过在刚准备开始前，她眼光扫了长老一下，发现这位长老没有头发的和尚头好亮，在会堂的灯光下散射着光泽。原来是长老按照出家人每段时间剃发的习惯刚剃过头，这在寺庙和出家人中是很正常的事情。

但那位女子内心这时候突然莫名其妙地产生了一个小小的冲动，她心里想着是否可以上前去拍一下那位长老的光头，因为那光头实在好亮。当她有这种想法出现的时候，她被自己这个冲动吓了一大跳。因为在东南亚的文化习俗中，没有经过别人同意去拍一个人的头，是一件相当侮辱人的事情。何况是去拍一位如此受到社会普遍尊敬的佛教长老的头？那简直是大逆不道的事情。

当意识到自己这一可怕想法后，这位女子心里产生了一丝害怕，于是马上就训斥自己这个想法，内心骂道，“昏头了！做这事情会有严重后果的。”然后就试图把心静止下来，开始准备按照刚才长老说的方法禅坐。

可是，这时候，那想法又出现了，“真想去拍那个光光的头一下，那么亮！”

“你真不要命了，做那样的事情可要下地狱的！”

“可是，那很玩啊！”

“胡说，长老的头岂是能够随便去拍打的。”

她就这么自己内心对话了一下，就想着千万不要再去想这可怕的事情了！

可是越不想去想，那想法反而越强烈，心里有个声音说，“冲上去打一下那个头吧！”

“好罪恶！这岂是你能想的，快离我远点”。

但那个去拍头的想法似乎有点不依不饶了，一点也不屈服地继续它的努力……

就这样，1小时的时间里，别人都在好好地禅坐，体验正确禅坐带来的平静和愉悦。这位女子却在那里与那个想法痛苦斗争。

当1个小时的禅坐结束时，那位女子想，“总算结束了”。

于是和周围别的在家佛教徒说起话来，说着说着那个想法似乎就没有了。

到了下午，大家又到了会堂来集体打坐，那位长老又坐在前面，而且这次还坐在那位女子的正前方，当他坐下来的时候，他还向着这位女子慈祥地微笑了一下，看见长老冲着自己微笑，头上还散着光。这位女子突然又生起上午那个可怕冲动，准备马上站起来冲上去拍长老的头一下。

“不要让长老知道这个这么亵渎的想法啊！”

想着长老刚才对她的微笑，她恐惧了，“是不是长老已经知道我要做的事情了！”

这一想，可把她吓坏了，她想，“我这次真不应该来，怎么会有这么邪恶的想法！中邪了。惨了！快快不要去想吧！”这下她实在紧张得有点不知所措了。

可是越这么不去想，那想冲上去拍头的冲动出现得越强烈和频繁。

长老就闭目坐在前面不太远的地方，她就坐在这个诱惑的对面，然后焦虑着和犹豫着。她惧怕着自己这个想法，也没有办法再去禅坐了，只是坐在那里和自己作斗争，度秒如年。

当禅坐结束时，她实在有点忍受不住那个冲动，看见长老站起来，慈祥地向她这个方向走过来。她突然站起来，准备伸手去拍长老的光头。这时候，长老又对她微笑了一下，她被吓坏了，马上合掌跪下来。

那位长老不知道发生了什么事情，于是询问她，“发生了什么？需要什么帮助？”

这位女子于是把从上午到下午出现的那个想法，忏悔式地坦白给了长老，以请求长老的宽恕。

长老听后哈哈大笑。

他教导她道："这心可以想好念头，那么，为何它不能想坏念头呢？无论它想到什么，只要看住它、接受它，就会自然消失——不过，如果这念头是坏的，要确定你并没有与它们行动一致就足够了。"

什么！我还没有完全明白"。

"哦！那你遇见过毒蛇吗！"长老问。

"遇见过！"在东南亚的农村，遇见毒蛇是常有的事情。

"那走在路上，遇见毒蛇正在路中央盘绕着，你又离它很近了，你将怎么办？"

"我会保持不动，等待那条蛇自然离开！"女在家人回答道。

"是的！正是如此。就像遇见一条毒蛇，你马上逃，它会攻击你；而你去攻击它，它也会反击你。但当你能够坦然看着它保持中立而不行动，蛇到时候自然会游走。心念也是如此。"

"哦！是这样啊！我知道了！"她恍然大悟。

由于这位女性已经说出了自己可怕的想法，并被获得了面对毒蛇时候的启示，豁然知道了面对心念之道，她的心于是变得轻松了。虽然她这次没有禅坐好，但却因此了解了心念的自然法则。她满意地顶礼而去。虽然那个想法在后几天里还冒出过那么儿下，但她坦然去接受那个冲动，"那不过是某个想法而已。"没几天后，这个冲动自动消失了。

泰国禅师阿姜查（阿姜查，1992）曾经利用眼镜蛇的比喻很好地解释了这一原则：

"心的活动就像能置人于死地的眼镜蛇。假如我们不去打扰它，它自然会走的，即使它非常毒，我们也不会受到它的影响；只

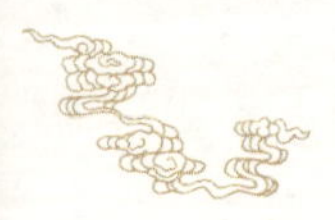

泰国禅师阿姜查。

要我们不走近它或去捉它，它就不会来咬我们。眼镜蛇会照着它的本性行动，事情就是如此！如果你聪明的话，就别去惹它。同样的，就让那些不好的和好的心念顺其自然——依它的本性随它而去不要执着于喜欢和不喜欢，如同你不会去打扰眼镜蛇一样。一个聪明的人，将会以这种态度来对待在他心中升起的种种情绪。当善的情绪在心中生起时，让它自是善的，并且了解它的本然；同样的，我们也让恶的自是恶的，让它顺其自然。不要执着。因为我们什么都不要！我们不要恶，也不要善；我们不要负担和轻松，乃至不求快乐和痛苦。当我们的欲求止息时，平静便稳固地建立起来了。”

参考文献

1. 邓殿成译：《长老偈·长老尼偈》，中国社会科学出版社1997年版，第274、260、261页。
2. 索甲仁波切著，郑振煌译：《西藏生死书》，内蒙古文化出版社1998年版，第32页。
3.《中部经》。
4.《经藏·相应部·第一四八碎木片经》。
5.《大正藏·别译杂阿含卷·十四第十九经》。

6. 弘学编:《佛说兴起行经 · 佛说木枪刺脚因缘经》, 巴蜀书社 2008 年版。
7. 李普士编,唐汶编译:《禅的故事》,海南出版社 2004 年版,第 252 页。
8. 阿姜放、塔尼沙罗编, 法园编译群译:《熄灭之时》, 台北法耘出版社 1996 年版。
9. 阿姜查著, 法园编译群译:《我们真正的归宿》, 台北法耘出版社 1992 年版。

第二十二章 三篇应对恐惧的文献

面对危险环境时，每个人都会产生恐惧情绪，佛学心理学在探索如何应对恐惧情绪时，有许多创造性的心理技术的发展。本章收集了3篇案例，第1篇、第2篇是记载于公元前6世纪左右的文献案例；第3篇是之后1 000年左右，大约发生在公元10世纪的案例。两者有一定的内在联系，但因为时代和地区不同两者之间也产生了变化。

一、菩萨的恐惧

我最早阅读《增一阿含经》时就曾经读过这一文献，当时没有特别注意。后来与西园寺的成峰法师见面时，他和我谈起这个案例，我才注意到这是一个十分有价值的案例，于是记录下来。本案例记载了佛陀在成道前如何开始探索止念——这一自我存在状态——的开始过程。目前渐渐被心理学界关注的正念减压课程的原始形式，可能就是在此文献中出现的。

对没有觉悟的佛陀，一般习惯上不称为佛陀，而只称菩萨。接下来是佛陀自己的回忆，在南北传佛学三藏的两种《阿含经》版本中都有忠实的记载。

在菩萨离开王宫，经过了6年无益的苦行而放弃这些极端的行为后，他来到印度贝那勒斯的原始森林中，继续自己的探索。在夜间的森林，经常有野兽出没，或者风吹树叶发出古怪的声音，这些都让菩萨经常毛骨悚然。这些惊恐让菩萨了解到，自己的内心恐惧其实是自己心念的作用。于是他开始尝试运用一种新的方式练习自己的心，这可能是现在心理学界开始流行的正念减压课程（MBSR）的最原始形态。

佛陀回忆道，当自己晚上因为风声吹起或者野兽经过，而不经意毛骨悚然时，他暂时保持不动，让自己体会这种毛骨悚然，或者内心恐惧的感受，觉知这些内心流过的心理现象，不作评判也不作幻想，也不回避它们，而仅仅和这些感受在一起。直到这些感受开始自行消失，他才开始移动。

这样练习几个月之后，菩萨逐渐了解到这些恐惧体验的心理性和无常性，开始具备如其实际地运用正念知觉自己身心的各种体验的因缘条件性和非实在性。

之后，他步行到了贝那勒斯的菩提伽耶树下，依据这种正念继续练习，不久到达了真正的觉醒。

很少有人会想象出这样的事情，但这是千真万确的，在佛学最

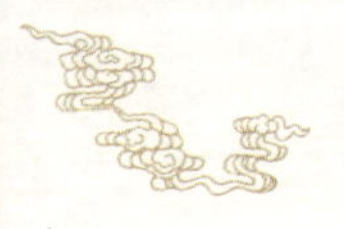

权威的《律藏》《经藏》中都记载了佛陀的这些回忆。其实他这种觉知、不评判、不回避体验的方式，就是四念住禅观的核心原则，经由这样的原则，我们可以更多地包容各种现象，并能够静静地澄清它们的本质和彼此的关系，从而使自己的心灵获得解缚的自由和慈悲容纳的力量。

二、没被吓着的佛陀

本篇故事来自另一部经文，反映了佛陀通过练习正念后，获得了心理转变之后的状态以及宽容的态度。

佛陀在摩揭陀国游化，住在摩鸠罗山。那时，佛陀身边的侍者是尊者那伽波罗。

这天傍晚，天色才暗，天空飘着细雨，又有间歇的闪电，佛陀在室外的空地上经行。

佛陀这天经行的时间比平常久。尊者那伽波罗觉得困了想去睡觉。但依据当时的惯例，侍者要等到所侍奉的老师结束禅修后，才能去睡觉，所以尊者那伽波罗一直没办法就寝。

那伽波罗开始想办法要让佛陀停止经行，以便自己可以赶快去睡觉。当时，摩揭陀国人有一个习俗：当小孩子夜间哭闹不停时，大人们便说，住在摩鸠罗山的摩鸠罗鬼来了，小孩就会害怕而停止哭闹。尊者那伽波罗竟然异想天开，想装成摩鸠罗鬼来吓佛陀，以为佛陀会害怕而停止经行。于是，尊者那伽波罗就将一件毛织物翻转过来，披在身上，让自己身上看起来像是长满了长毛的摩鸠罗鬼，然后躲到佛陀经行小路的尽头处，准备吓佛陀。

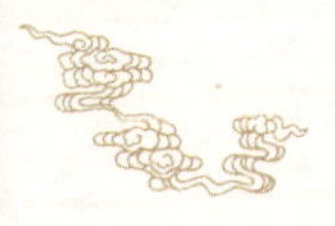

当佛陀走过来时，尊者那伽波罗就跳出来，对着佛陀大喊："摩鸠罗鬼来了！摩鸠罗鬼来了！"

佛陀没被吓着，反而对尊者那伽波罗说："那伽波罗，你这个愚痴人！想以摩鸠罗鬼的样子来吓我吗？那是连一根毛发也撼动不了我的，我离恐惧已经很久了。"

这时，跟随在佛陀后面经行的天神对佛陀说："世尊！僧团里也有这种人吗？"

佛陀回答说："僧团中广纳各类不同根性的人，他们在未来，都会成就清净之法的。"

三、魔鬼的喊声

延伸之前的正念，佛学心理学在实践方面，之后有多种形式的发展，来检验和消除人类的内心执着。其中有一种著名的佛学禅修方式，称为"决"，所谓"决"就是"断"的意思。"决"是佛学觉域派中著名的精神训练方法。

11世纪，印度的佛学大师当巴桑吉翻越喜马拉雅山来到西藏，在那里他创立了觉域派的大手印练习方法。这一方法实际是一种特殊且十分需要勇气的心理训练过程，它分成两个部分：第一部分是鬼神的引导，也就是把修道者独自安置在黑夜中的天葬场内，通过一些仪式想象天葬场等地方神鬼出现的情形，然后再假想向到来的恶鬼们施舍自己的血肉，由这种环境和诸种可怕想象激发出人类内心深处的恐惧；第二部分则是一种勇敢洞察的培养，针对第一步导引出来各种没有得到正视的恐惧心理，使行者得以有机会去面对自己造成的所有幻觉和负面情绪，由此勇敢地超越一切幻觉和负面情绪。"决"法又因为第一部分中有假想施舍自己的血肉之躯给鬼神的部分，因而也被称作施身法。

尽管我们有唯物主义的世界观，或者了解这些不过是心意识的想象，但当我们每个人面对“决”法所设置的这种环境时，我们内心的声音往往会战胜理智。此篇案例正与绝域派的传统有关，是我在青海寺庙进行田野工作时听闻的，在记载西藏民间故事的《喜马拉雅大成就者的故事》（最胜子，2005）一书中也记载了类似的案例。

从前，有一位专门练习这一施身法的名为扎西的佛教禅修者，独自在热贡地方的天葬场闭关，希望借助于施身法的修行，能逐渐超越自己心灵层面的各种假象——称之为魔鬼的现象，以认清世界的真实。

印度佛学大师当巴桑吉

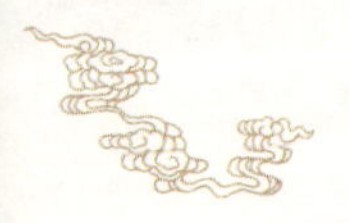

扎西在天葬场的上风口搭了一个小帐篷，以防止天葬场的气味过分干扰自己。他白天在帐篷中休息和念经，每当太阳落山后就跑到天葬场中央去实践施身法。

白天的天葬场，寻觅食物的秃鹫不停在上空徘徊，一旦周边村落有人去世，天葬师就会带着尸体来解剖，然后把尸体分块施舍给这些食尸的秃鹫。黑夜，这里出没着一些藏獒、孤狼。但不管怎样，扎西还是在虔诚之心的鼓舞下继续着自己的修行。当他在黑夜中安静地观想和禅坐时，那些找食物的藏獒、孤狼也只是偶尔在好奇心的驱使下“哼哼唧唧”地溜到他旁边看一眼，见他像木头一样纹丝不动地坐着，就摇摇尾巴离开了。

虽然扎西的老师已经告诉过他魔鬼会出现的场景，同时他也看过古代经典中的相关描述，但作为土生土长的西藏人早已习惯了天葬的风俗，加上天生胆子就大，所以在开始的几天，扎西并没有感受到太多的恐惧。

就这样，扎西在天葬场上平静地生活了几个月。直到有一天，可怕的情形突然出现了。和往常一样，他在太阳下山后带着法器来到天葬场中央的石板上，然后开始他每天进行的施身法修炼。他想象着招请四周的鬼神到他身边围绕成一个大圈，然后想象自己的身体像被天葬的尸体一样切碎后施舍给这些鬼神，最后把心安置在自然的平静中禅坐。这么做了不久，他耳边突然传来很小的“啪嗒”声，这声音起自他背后不远的地方，因为似乎从来没有听到过，不知道是什么东西发出的声音，所以令他惊觉一下。声音响过之后就没有了，但只过了一会儿，又“啪嗒、啪嗒”的响起来，修行者的心一下被抽紧了，他怀疑是否是真正的妖魔到了，因为“啪嗒、啪嗒”据说是妖魔嘴里发出的喊声。接着一阵大风刮起来，这似乎是魔鬼大军到来的前兆……“啪嗒、啪嗒”的声音变得更巨大也更接近他了，节奏也变得紧密起来。“啊！”修行者想，“这将是什么？”

这时，他想起前几天被天葬的一具尸体，据说这人是意外死亡的，他自己那天还去看了这场天葬，那具尸体的眼睛圆睁着。按照西藏的风俗传说，这样死法的人可能会变成厉鬼来侵袭世人。

再想一想，发现自己禅坐的地方离那具尸体被天葬的地方很近，这一下他全身的汗毛都直竖起来。然后他觉得那具尸体呆滞和痛苦的眼睛似乎直瞪着他，上牙齿还咬着下嘴唇露出凶狠样子，伸着手正一步步走近他。

“啊！”他还想起来，就在那具尸体天葬后，他还走过去和天葬师开过一个玩笑，“那死去的家伙难道因此来报复我”。想到这，他全身都开始颤抖起来。

但身为一位勇敢的修行者，扎西不愿表示出害怕。“呸！”他大叫，“妖魔是无自性的。”虽然如此，那声音却没有丝毫减弱或害怕他的叫声，继续着“啪嗒、啪嗒、噼啪……”然后似乎变成了排山倒海的喊声，这时候四周刮起的大风也同时发出巨大的尖啸声，整个黑暗中似乎隐藏着千军万马。

他想回头看一眼，但想起背后可能是一张恐怖和血腥的脸，他回头的动作都僵硬了；他想逃走，但背后的妖魔肯定比他跑得更快，而且这周边又没有任何村庄和帐篷……

扎西在那里挣扎着、恐惧着，冷汗湿透了全身。

不知道这么恐惧了多少时间，那声音突然变得很近了，已经到了他背后，一个像手指一样的东西轻轻碰在他背上，“啊呀”扎西这下几乎要吓晕过去。

这时，在扎西的内心，响起了一个慈祥的声音：“扎西！要领悟一切恐惧和妖魔不过是你自己内心的呈现！”这是他老师传授他施身法时的所说的话。

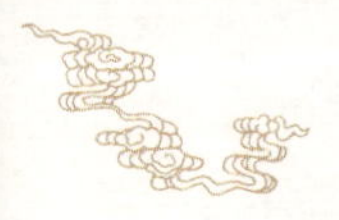

猛然，扎西的内心顿时平静了，他了解所有这些恐惧只是他自己心灵的展现，妖魔是无自性和无实体的。他坐在那里，让身心安置于自然运转之境中的大乐禅定，生死及妖魔是否存在和不存在与他关系已经不大了，他获得了那种对于生死妖魔的大无畏。

当他出定的时候，天已经亮了，他欣赏着太阳在东方一跳一跳地升起。这时候，他想看看昨天夜里曾吓得他半死的东西到底是什么，回头一看，竟然是一卷不知道谁遗失的纸。原来昨天晚上“啪嗒、啪嗒”的声音大约是大风吹动这卷纸而发出的，他再次发现自己在夜里居然是那么荒谬，不禁哈哈大笑起来。

同类的记载在佛教文献中还有不少，例如佛陀时代的阿阇世王去见佛陀时，当他面对佛陀驻扎的寂静森林，联想起自己囚禁父亲瓶沙王而致其死亡的事情，生起别人可能谋害自己的恐惧；而在佛教现代文献中，记载有泰国著名佛教长老的阿姜查年轻时，在东南亚某处的坟地也遭遇了类似"魔鬼的喊声"的故事。

这个故事中主人公扎西最后的成功，在于他超越了那些文化和环境的不良暗示、并消除自己投射于外在环境的负面内容，认清了实际。当我们了解到故事中的这一切后，也懂得了生活中可能的暗示和投射的意义。

参考文献

1.《汉译南传大藏经·中部·第四怖骇经》，台北元亨寺妙林出版社1998年版。
2.《大正藏·杂阿含·第一三二〇经》。
3. 最胜子编：《喜马拉雅大成就者的故事》，民族出版社2005年版。

第二十三章 丹增旺嘉的黑关经验

2000年，我在四川阿坝县访学，刚到的那天，他们的49天的黑关还在进行中，之后我等待了几天，黑关正好结束。我和参与黑关的人聊了不少，发现他们的精神都很正常和健康，并没有因为视感觉被剥夺产生什么负面心理问题，只是在刚刚出关的几周时间中，他们中有些人的睡眠时间会出现一些不严重的混乱，这可能是黑关中日夜不分引起的时间感暂时性错位，但基本几周之后就能调整到常态。

所谓黑关，是佛学大圆满中的高级练习形式，需要一定的禅修基础，才能开始的一种严格的训练方式，是要闭关者花28天、或者49天，甚至100天，在一个完全无光的黑暗房间中进行的一种精神训练。训练的结果是为了能够让训练者在吸收大量心理的幻觉后，到达心理纯净、内光外显的目标。在黑关中，个体会出现一些幻视和幻听等经验，甚至内部光明的经验，但很快能够运用传统的大圆满禅修方法吸收这些经验。在一般心理学研究假设中，人在此情境中肯定是要精神错乱的，但据我的调查，并没有出现因为黑关而发生精神错乱的情况。

本篇的报告，摘自还没有中文译本的丹增旺嘉仁波切的著作《Wonders of the Natural Mind》，他记录了自己年轻时一次49天的大圆满黑关经验，对心理学十分有研究价值。丹增旺嘉仁波切是全球大圆满禅修方面著名的导师，他在尼泊尔获得佛学博士学位，并在尼泊尔进行过多年闭关禅修。

丹增旺嘉仁波切

在罗朋桑耶丹增仁波切圆寂前，他作了一些很特殊的安排。一天，他叫我来，然后让我修一些仪轨，再把一些本尊的名字写在纸上然后抛向他的佛坛。最后他让我捡起一张纸，上面写的本尊名字就是我需要修持的。我选择出的本尊是喜饶强玛，这是度母的一种，特别是对于开发智慧有巨大的效能。他还告诉我要闭一次黑关，我非常高兴。2年以后，我向罗朋丹增南达与我母亲请求让我闭一次黑关。他们允许了，但是我的母亲说她还是很担心，毕竟这对于一个年轻人来说太不寻常了。寺院中的有些人，他们有的觉得羡慕或者嫉妒，有的则说我会发疯。无论如何，我被安排在罗朋丹增南达的贮藏室闭关，这里曾经被改造成供访客使用的厕所。这个屋子特别小，只有 2×4 米见方，而且是水泥墙，因此空气循环就变得很差。我母亲每天来送饭三次。在闭黑关期间，我从来没有和她说过话。罗朋与我母亲都因为我在闭关期间午餐和晚餐吃得很少而担心，他们认为也许是空气很差的原因，所以建议我也许可以提早结束闭关，但我还是坚持完成了整个49天的闭关。

每天罗朋会坐在关房外和我谈半个小时话。这个时候，有一

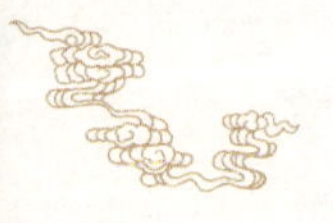

位上师在身边非常重要。我无法记得教法的全部进程，还有在每周需要转换何等修法与观想，他都会适当地指导我。我的心变得空旷、无物，并且对于修行的时间没有概念；我接受不到任何来自外界的如新闻之类的信息，这样的体验很好。新闻只会制造心的骚动，增加意识的转换，并让心从教法游离。最好还是一概安住于当下，还有开展心的明性。想到以如此非常有建设性的方式度过我的时光也是非常快乐的。

我的黑关很成功，而且对我个人的改变也非常大。在最开始的那些天，作为一个充满运动能量的男孩被限制在这样一个又黑又小的屋子里，这对我来说并不容易。第一天我睡了很多觉；但第二天好了很多，每天我的修行经验和对黑暗的接受力都会有所增长。自己独处是一种很好的体验。和外部刺激的影响逐渐疏远，像用眼睛一样——用意识来感觉物体，完全成了我主要的感知方式。我曾经听过很多关于有问题的人闭黑关时遭遇的故事与笑话，他们都认为这些境相是真实的，但我明白这些是怎样出现的。在日常生活中，外在的显现会牵扯我们，但是在黑关中没有什么会转移我们的注意力，因此心的扰乱会变得更容易，有时甚至会变得疯狂，我们的心会自己制造出很多境相。在黑关之中，有种"知觉剥夺"的状态，所以当我们的心念与视觉在缺乏外界真实接触的情况下生起时，我们会将其视为真实并攀缘它们，并在这基础上产生一系列的心念。在这样的情况下，我们会很容易被淹没在自心创造的幻影中，完全把它们当成是真实的。

在第1周后，我对于现实的主观感觉改变了，所以7天过起来像2天。就这样，这49天闭关中剩下的后6周过起来像12天。从第2周开始，我开始看到很多境相，诸如光的光线、明点的闪光、彩虹、还有不同的标记。在第2周后，第一个如真实的具体事物开始出现。

这些境相中的第一个是第2周的第2个早上出现的。当我在禅定的状态中时，我看到巨大而无体的阿波扎西泽仁的头像出现在我面前的虚空中。头像极为庞大。刚开始的一会我有些害怕，接着我又继续我的修行了。头像在我面前的虚空中保持了半个小时以上；这类境相如同平日在外的事实那样清晰，并且有时候更加清晰。

逐渐地，我有了较多的经验。举例来说，我曾经看见一个头上盘着发髻如同大成就者般的人。这种感觉是非常强大、非常积极和有加持力的。也许最令我印象深刻的是一个伴随着大量的运动的境相。不是所有的境相都是运动的；有些就像看一场电影；有的时候，你会发现自己在境相中间；还有一些时候，境相是在你上方的虚空中，或者在与你相同的水平面上，或者在下面。在这一境相中，我发现自己在一个很大的山谷里，两边的山丘上铺满了红色的花。清风吹拂过美丽的树林，在那里有5个人沿着一条长而蜿蜒小路向我走来。刚开始他们离得太远，以至于我无法看清楚他们的面容，但在半个小时以后，他们走得很近了，我能够认出来他们是印度人，其中两个包着锡克教徒的头巾。他们走向我，又突然转向，往回走了，什么话也没有说。

另一次我看到一个很持久的境相，是一个披着长发的裸体女人笔直地坐在我前面，但她侧过了脸，我无法看到她的面容。当我看到这些境相的时候，它们并非是显现在外面的；它们是以光的形式显现于我的心中。即使当我闭上了眼睛，我也以同样的方式看到这些境相，但是不知何故仍然感知到它们在不同的方向和位置中。

有时境相会从一种形式变化为另外一种形式。举例来说，一

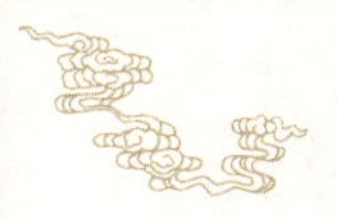
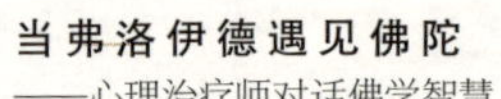

个装满如马铃薯、番茄、豆子之类食物的盘子，会突然转化为一条有游鱼和石子的美丽小河。我可以在澄澈的河流中清楚地观察鱼儿的游动。这些不是我所见的唯一的境相，但却是最为典型的一个。

差不多在我闭关结束的时候，我的明性得到了极大的增长，因此我似乎能“看到”接近我关房的人。一次，借由我的“心目”，我察觉到我的母亲来给我送食物，还“看到”了她走来的每个步伐，直到她走到门口并且敲响了门提醒我她的到来。就在这同时，我听到了“真实的”母亲敲响了门，告诉我她送食物来了。所以，我境相中所见的母亲的动作和现实中母亲的动作是完全同步的。

这些境相没有任何声音来做陪衬，我也从来没有任何与境相交谈的想法。只有在闭关结束后，以我的心智层面思考时我会觉得和境相对话很好。

通过这次闭关，我净化了自己的许多业障，并且增长了我的修持与明性。在闭关后我的一个梦境中，有一个被罗朋仁波切认为是达到净化的标志的梦，是我用刀子切开了左边脚踝的血管，然后流出了许多虫子与血液。在闭关之后，我变得非常沉着与安静，因此母亲说我所有的妹妹都该去闭一次黑关！

参考文献

1. Tenzin Wangyal Rinpoche. *Wonders of the Natural Mind*. Snow Lion Publications: Ithaca, New York: 1993.
2. 丹增旺杰著，向红笳、姜秀荣译：《西藏的睡梦瑜伽》，中国藏学出版社2009年版。